Compilation Cases of Turbine Oil Deterioration

涡轮机油劣化案例汇编

华北电力科学研究院有限责任公司 编

内 容 提 要

本书系统地介绍了涡轮机油的质量监督与管理的基础知识，以及利用分析结果诊断设备潜伏性故障的方法，在此基础上对常见的破乳化、水分、酸值、洁净度、其他异常等设备故障案例进行详细分析。

本书可作为电力用油分析检测人员的专业岗位培训教材和自学参考书，也可作为高等院校电厂化学专业的参考用书。

图书在版编目（CIP）数据

涡轮机油劣化案例汇编/华北电力科学研究院有限责任公司编. —北京：中国电力出版社，2024.3
ISBN 978-7-5198-8554-0

Ⅰ. ①涡… Ⅱ. ①华… Ⅲ. ①发电设备－涡轮钻机－润滑油 Ⅳ. ①TE626.3

中国国家版本馆 CIP 数据核字（2024）第 015367 号

出版发行：中国电力出版社
地　　址：北京市东城区北京站西街 19 号（邮政编码 100005）
网　　址：http://www.cepp.sgcc.com.cn
责任编辑：赵鸣志（010-63412385）
责任校对：黄　蓓　马　宁
装帧设计：赵姗姗
责任印制：吴　迪
封面摄影：岳冬旭

印　　刷：三河市航远印刷有限公司
版　　次：2024 年 3 月第一版
印　　次：2024 年 3 月北京第一次印刷
开　　本：787 毫米×1092 毫米　16 开本
印　　张：11.25
字　　数：227 千字
印　　张：0001—1000 册
定　　价：68.00 元

编　委　会

前 言

随着电力工业的迅速发展，大容量、高参数的发电设备急剧增多。确保润滑油系统可靠工作是发电设备安全运行的重要保障，而润滑油油质又是油系统安全运行的重要因素，油质的好坏将直接影响着机组运行的安全性。因此，专业技术人员必须掌握在不同情况下的油品性能和对它的要求。为了帮助专业技术人员及时判断和处理润滑油在运行过程中油品存在问题，编者编写了这本《涡轮机油劣化案例汇编》。书中收集并整理了国内近年来发生的润滑油典型事故案例，并进行了深入分析，给出处理措施，以供读者在工作中借鉴。全书收集了部分典型案例，分为破乳化异常案例、水分异常案例、酸值异常案例、洁净度异常案例、其他异常案例，基本涵盖了润滑油的日常技术监督的主要内容。

本书第一章由李师圆、底广辉整理编写，第二章第一节由李志成、胡远翔整理编写，第二节由孙钊、王熙俊整理编写，第三节由涂孝飞、王京翔、周卫青整理编写，第四节由杨敏祥、牛铮、霍肖整理编写，第五节由赵娜、伍发元、吕雨龙整理编写。全书由王应高、李师圆、底广辉统稿。本书在编写过程中，得到很多专家及同行的大力支持和帮助，在此一并表示感谢。

限于编者水平有限，书中存在不妥之处，恳请广大读者批评指正。

目　录

第一章

涡轮机油的质量监督与管理基础知识

第一节　涡 轮 机 油 概 述

一、油务监督与管理

涡轮机油俗称透平油，是电力系统发电设备中重要的工作介质。主要用于涡轮发电机组、水轮发电机组和调相机的油系统，起润滑、散热冷却、调速和密封作用。涡轮机油用量大，一台 200MW 机组通常需用 30～50t 涡轮机油，一个多台机组百万千瓦大电厂加上必需的备用油量，用量达 200～300t。电厂对涡轮机油油质要求严格，尤其近年来，随着涡轮发电机组向大型化发展，对于涡轮机油的质量要求越来越高，因此油务工作者必须掌握设备用油的使用性能和变化规律，做好油质监督和维护工作，保证用油设备安全稳定运行。

油务监督及管理人员的主要内容是：

（1）贯彻执行国家及有关上级颁布的油质、试验方法、各项规章制度和指令性文件。

（2）负责新涡轮机油（简称新油）质量验收和运行中油质的监督，根据试验结论研究油质存在的问题，提出处理意见。并与有关部门协作，保证机组正常稳定运行，避免由于油质问题而导致机组事故。在购买新油时，必须有供油单位的分析报告（或验收单位的油质分析报告），否则不应购买。

（3）负责和协助用油单位开展防油老化、被污染和再生废油工作。对主要设备都应有防止油质老化的技术措施，并认真做好监督维护工作，以延长油质的使用寿命。对再生油质应进行全分析，以保证其油质达到合格标准。

（4）负责在设备检修期间对油系统进行检查和验收。

（5）建立各种油务监督、运行维护的记录、档案、图表及卡片，掌握油质运行工况，积累运行数据，总结油质运行规律。

二、涡轮机油在涡轮发电机组的作用

涡轮机油被用于涡轮机组的润滑系统和调速系统，在涡轮机的轴承中起润滑和冷却作用；在调速系统中起传压调速作用。涡轮机油系统简图如图 1-1 所示。涡轮机油在涡轮机系统的循环路径如箭头所示。油箱中的涡轮机油经主油泵抽出，并形成压力油，一部分作为动力送到调速系统中。另一部分经过减压阀和冷油器送往各轴承去润滑轴瓦，

冷油器可带走热量，使进入轴承的油冷却至一定温度。在每个轴承的进口皆装有节流孔板，以合理分配各个轴承的油流。各轴承的回油自流入油箱，从而构成一个封闭的循环系统。

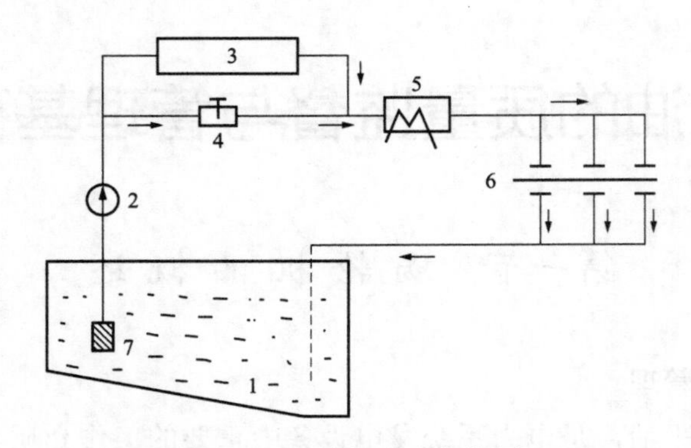

图 1-1　涡轮机油系统简图

1—油箱；2—油泵；3—调速系统；4—减压阀；5—冷油器；6—机组轴承；7—滤油网

1. 调速作用

涡轮机的调速系统主要由调速汽门、油动机、离心调速器、错油门等部件组成，调速系统的示意图如图 1-2 所示。调速汽门由油动机利用压力油来操纵。错油门向上或向下移动，使有压力的油流到油动机活塞的上面或下面，可将调速汽门关小或开大，使涡轮机在负荷变动时，调节主蒸汽的进汽量，且仍保持一定的转数。离心调速器通过连杆来操纵错油门的移动量，油动机连接在此杆上。当涡轮机以某一负荷运行时，油动机使调速汽门开启到正好适合于该负荷的主蒸汽量，并保持涡轮机的转速为额定转速。此时，套环的位置也与额定转速相对应。套环和油动机一起固定了连杆的位置，使错油门正好堵塞通到油动机活塞上下两面的两条油路，稳定涡轮机的负荷和转速。

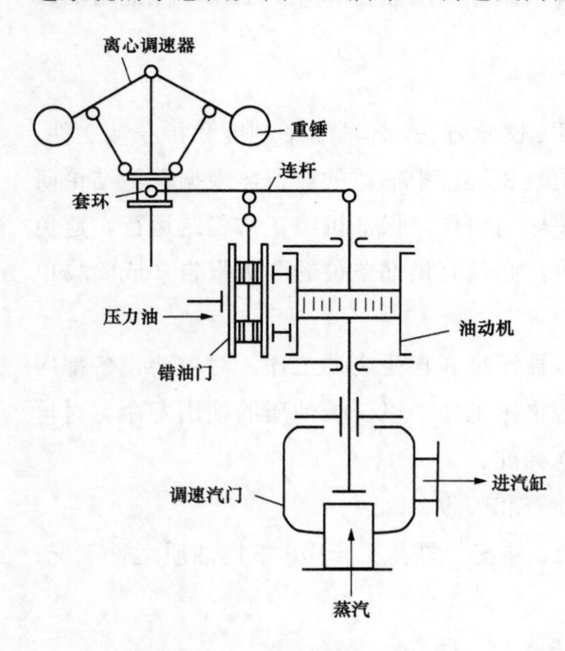

图 1-2　调速系统的示意图

假若涡轮机的负荷增加了，因进汽量不够，使涡轮机的转速向下降，重锤上的离心力减小，弹簧将重锤拉近一些，套环下降，连杆使油动机的连接点开始向下移动，引起错油门离开它的中心位置向下移动，从主油泵来的带压力的油就通过打开的油路流到油动机活塞下面。将活塞向上推动以增大汽门开度。活塞上面的油通过另一条打开的油路被压回油箱去。当油动机向上运动开启汽门时，连杆以套环为固定点向上移动少许，同时将错油门带回到其中心位置，重新封闭两条油路。这样，往返动作能够快速地配合负荷需求，使涡轮机的负荷和转速重新稳定下来。

2. 润滑作用

在涡轮发电机组的支承部分，转子的轴颈和轴承的乌金表面的光洁度虽然非常高，但当大轴移动时，若无润滑剂则处于固体摩擦状态，涡轮机启动时，轴和轴承之间会磨损和发热，导致轴被毁坏。

若在涡轮机的轴和轴承间加入涡轮机油，当油分子与金属表面接触时，油分子牢固地与金属的结晶格子相结合，而油分子还沿一定方向排列，并扩展到更多层的分子，这样便形成了润滑油层。当轴在加入涡轮机油的轴承中转动时，由于油品具有一定润滑性和黏度，它就牢固地黏在轴表面，形成一层油分子，而且还吸引邻近的油分子一起转动。轴与轴承之间的间隙呈镰刀形状，而运行着的油分子在间隙较宽的部分被挤到较狭窄的部分，从而形成压力，在轴与轴承下部之间形成特殊的楔形油层，在此楔形油层的压力作用下，轴在轴承内被托起，以液体摩擦（摩擦系数为0.001～0.01）代替了固体摩擦（摩擦系数为0.1～0.4），油在其中起到良好的润滑作用。

3. 冷却作用

涡轮机在运行时，汽缸内部处于高温状态，转子和汽缸要向轴颈和轴承传导热量，运行中的涡轮机油不断在系统内循环流动，将不断带走轴承部分的热量以及油流高速摩擦所产生的热量，并经冷油器把热量排出。由此可知，油作为传热介质，对系统内的有关设备，起到冷却、散热作用。

涡轮机油在涡轮机组中的作用，除了润滑、冷却和调速三大主要作用外，还同时起到冲洗作用和减振作用。由于摩擦产生的金属碎屑被涡轮机油带走，从而起到了冲洗作用。涡轮机油在摩擦面上形成油膜，使摩擦部件在油膜上运动，如在摩擦面间垫了一层油垫，因而对设备的振动起到了一定的缓冲作用。

三、涡轮机油的质量要求

由上述涡轮机油的作用可见，涡轮机油质量的好坏将直接影响涡轮机组的安全经济运行，故对涡轮机油的质量有较高的要求。

（1）良好的润滑性能和适当的黏度。油的黏度将决定机件表面油膜厚度，因此，黏度是润滑油的主要指标，大多数润滑油的牌号是根据黏度划分的。选择涡轮机油的适当黏度，对于保证机组正常润滑是一个重要的因素。在电力系统中，常用的涡轮机油牌号为32号及46号油。32号油即指40℃时油的黏度为28.8～35.2mm^2/s，46号油指40℃时油的黏度为41.4～50.6mm^2/s。除了要求油品有适当的黏度外，还要求具有好的黏温特性。黏温特性好的润滑油，其黏度随温度的变化小，能保证机械在一定温度范围内得到可靠的润滑。一般在保证润滑好的前提下，尽可能选用黏度较小的油，这是因为其散热性及抗乳化性能均较好。

（2）良好的抗氧化安定性。涡轮机油在机组中是循环润滑，由于循环速度快，周期次数多（6～10次/h），要求使用年限较长，并在一定温度（60℃左右）下和空气、金属直接接触。因此，要求涡轮机油有良好的抗氧化安定性，即在运行中稳定性好，氧化沉淀物要少，酸值不应显著增加。

（3）良好的抗乳化性能。因机组在运行中蒸汽和冷却水经常从轴封不严密处漏入油系统，使油水混合而成乳化液，理化指标劣化，影响油的润滑性能和机组的安全运行。故要求涡轮机油具有良好的抗乳化性能，容易与水分离；漏入润滑系统内的水分在油箱内能迅速分离排出，以保持油质的正常润滑、冷却。

（4）良好的防锈性能。对机件能起到良好的防锈作用。

（5）良好的抗泡沫性能。油在运行中产生泡沫要少，以利于油的正常循环、润滑。

（6）良好的析气性能。油在运行中与空气接触，形成雾沫，应能快速消除泡沫。

（7）良好的清洁度。油品应具有良好的清洁度，以免在摩擦面上破坏油膜，形成干摩擦，造成设备损坏。

第二节　涡轮机油的性能

一、涡轮机油的油质标准

重视、制定和严格执行油质的规格标准，是保证设备安全、经济运行的关键。我国涡轮机油油质标准，20世纪50年代基本是沿用苏联的；自20世纪60年代起，由于我国陆续换用了国产涡轮机油，并根据国产油性能和机组运行工况，制定了涡轮机油标准，在实施过程中进行了多次修订，使其日益完善，已具有国际通用性。

1. 新油标准

我国新油的质量标准为GB 11120—2011《涡轮机油》，其按黏度等级分为32、46、68、100号，并分为A级和B级两个等级。电力系统常用的有32、46号。GB 11120—2011《涡轮机油》具体技术规范见表1-1。

表1-1　GB 11120—2011《涡轮机油》技术规范

项目	质量标准				试验方法
	A级		B级		
黏度等级	32	46	32	46	
外观	透明	透明	透明	透明	目测
运动黏度（40℃，mm^2/s）	28.8～35.2	41.4～50.6	28.8～35.2	41.4～50.6	GB/T 265《石油产品运动粘度测定法和动力粘度计算法》

续表

项目		质量标准				试验方法
		A级		B级		
黏度等级		32	46	32	46	
黏度指数（不小于）		90	90	85	85	GB/T 1995《石油产品粘度指数计算法》
倾点（℃，不高于）		−6	−6	−6	−6	GB/T 3535《石油产品倾点测定法》
闪点（开口）（℃，不高于）		186	186	186	186	GB/T 3536《石油产品 闪点和燃点的测定 克利夫兰开口杯法》
密度（20℃，kg/m³）		报告	报告	报告	报告	GB/T 1884《原油和液体石油产品密度实验室测定法（密度计法）》
酸值（mgKOH/g，不大于）		0.2	0.2	0.2	0.2	GB/T 4945《石油产品和润滑剂酸值和碱值测定法（颜色指示剂法）》
水分（质量指数，%，不大于）		0.02	0.02	0.02	0.02	GB/T 11133《石油产品、润滑油和添加剂中水含量的测定 卡尔费休库仑滴定法》
破乳化时间（54℃，min，不大于）		15	15	15	15	GB/T 7305《石油和合成液水分离性测定法》
泡沫试验（mL 不大于）	24℃	450/0	450/0	450/0	450/0	GB/T 12579《润滑油泡沫特性测定法》
	93.5℃	50/0	50/0	100/0	100/0	
	后 24℃	450/0	450/0	450/0	450/0	
液相锈蚀试验（24h）		无锈	无锈	无锈	无锈	GB/T 11143《加抑制剂矿物油在水存在下防锈性能试验法》
铜片腐蚀[100℃，3h（级），不大于]		1	1	1	1	GB/T 5096《石油产品铜片腐蚀试验法》
空气释放值（50℃，min，不大于）		5	5	5	6	SH/T 0308《润滑油空气释放值测定法》

2. 运行中涡轮机油质量标准

GB/T 7596—2017《电厂运行中矿物涡轮机油质量》的主要项目见表1-2。运行中涡轮机油极限值见GB/T 14541—2017《电厂用矿物涡轮机油维护管理导则》的相关要求。

表1-2 GB/T 7596—2017《电厂运行中矿物涡轮机油质量》的主要项目

序号	项目	单位	质量指标	检验方法
1	外状	—	透明	外观目测
2	水分	mg/L	≤100	GB/T 7600《运行中变压器油和汽轮机油水分含量测定法（库仑法）》

续表

序号	项目	单位	质量指标	检验方法
3	运动黏度（40℃）	mm^2/s	不超过新油测定值的±5%	GB/T 265《石油产品运动粘度测定法和动力粘度计算法》
4	闪点（开口）	℃	≥180，且不低于前次测定值 10	GB/T 3536《石油产品 闪点和燃点的测定 克利夫兰开口杯法》
5	颗粒污染等级 SAE AS4059F	级	≤8	DL/T 432《电力用油中颗粒度测定方法》
6	酸值	mgKOH/g	≤0.3	GB/T 264《石油产品酸值测定法》
7	液相锈蚀	—	无锈	GB/T 11143《加抑制剂矿物油在水存在下防锈性能试验法》
8	破乳化度	min	≤30	GB/T 7605《运行中汽轮机油破乳化度测定法》
9	泡沫特性	mL	24℃，500/10； 93.5℃，100/10； 后 24℃，500/10	GB/T 12579《润滑油泡沫特性测定法》
10	空气释放值（50℃）	min	≤10	SH/T 0308《润滑油空气释放值测定法》
11	旋转氧弹值（150℃）	min	不低于新油原始测定值的 25%，且涡轮机用油、水轮机用油大于等于 100，燃气轮机用油大于等于 200	NB/SH/T 0193《润滑油氧化安定性的测定 旋转氧弹法》
12	抗氧化剂含量	%	不低于新油原始测定值的 25%	GB/T 7602（所有部分）《变压器油、汽轮机油中 T501 抗氧化剂含量测定法》

二、涡轮机油的性能参数

1. 黏度和黏度指数

黏度是指油品在受力作用下运动时，其分子间产生的内摩擦力所表现出的性质。表示黏度大小的方法较多，主要有动力黏度、运动黏度、国际赛氏秒等。目前，国内外对涡轮机油的黏度主要是用运动黏度表示，其单位为 mm^2/s。

黏度是表征涡轮机油润滑性能的一项重要指标。涡轮机油的黏度对涡轮发电机组运行最为重要，油的黏度对轴颈和轴承面建立油膜、决定轴承性能及稳定特性都是非常重要的，黏度决定了油的流动能力和油支承负荷及传送热量的能力。涡轮发电机组在选择油品黏度等级牌号时应遵照制造厂建议，一般 3000r/min 及以上机组采用 32 号涡轮机油，3000r/min 以下机组选用 46 号涡轮机油。涡轮机油除了要求适当的黏度，还要求油的黏温特性好。

各类油品的黏度随油温的变化而变化的程度各不相同。通常把油品的黏度随温度变化的性质称为油品的黏温特性。黏温特性是评价润滑油使用性能的主要指标，因为有的油品需要在不同的温度条件下工作，或在同一机械上不同温度的几个部位工作。若温度较低时，油品黏度太大，流动性不好，则不能及时将油送至润滑点，设备得不到润滑；若温度较高时，油品黏度变得特别小，非密封润滑部件的油很易流失，也不能起到润滑作用。这要求涡轮机油的黏度随温度变化越小越好。评定涡轮机油的黏温特性常用黏度指数来表示。油品的黏度指数越大，其黏温特性越好。GB 11120—2011《涡轮机油》规定，新油的黏度指数不小于90。

2. 抗氧化安定性

涡轮机油循环时会吸收空气，在油流紊乱以及流向轴承、联轴器和排油口的过程中，空气可能会被挟带其中。油能与空气中的氧反应形成溶解的或不溶解的氧化物。油轻度氧化一般害处不大，这是由于最初的生成物是可溶性的，对油没有明显的影响。可是进一步氧化时，则会产生有害的不溶性产物。随着涡轮机油的继续深度氧化，将在轴承通道内、冷油器、过滤器、主油箱和联轴器内形成胶质和油泥。这些物质的堆积会形成绝热层，限制轴承部件的热传导。可溶性的氧化物在低温时又会转化为不溶性物质沉析出来，积累在润滑系统的较冷部位，特别是冷油器内。油氧化后会使黏度增大，影响轴承的功能。氧化也能导致复杂的有机酸形成，当有水分存在的情况下，这些氧化产物会加速腐蚀轴承和润滑系统的其他部件。

油的氧化速率取决于油的抗氧化安定性，温度、金属、空气、水分、颗粒杂质的存在，都起着促进氧化的作用。评价涡轮机油抗氧化安定性的好坏，是将油在较高温度下，通入一定量氧气，每隔一定时间，测定一次酸值，记录1000h后酸值或达到2mgKOH/g酸值所需时间。如达到2mgKOH/g所需时间越长，说明油品的抗氧化安定性越好。

3. 抗乳化性能

涡轮机油抗乳化性能是指油品本身在含水的情况下抵抗油的水乳化液形成的能力。抗乳化能力的大小，一般以油水乳状液分层的快慢即破乳化度来表示。若分层快，即破乳化时间短，表明该油品的抗乳化能力强，其抗乳化性能好；若分层慢，表明油品的抗乳化性能差。

破乳化度是评定油品抗乳化性能的质量指标，是涡轮机油的重要指标之一。涡轮机油形成乳状液必须具有三个必要条件：一是必须有互不相溶（或不完全相溶）的两种液体；二是两种混合液中应有乳化剂（能降低界面张力的表面活性剂）存在；三是要有形成乳状液的能量，如强烈的搅拌、循环、流动等。运行中的涡轮机油，因受温度、空气、水分等的影响，油逐渐老化，老化后产生的环烷酸皂类、胶质等物质都是乳化剂。在机组运行中，往往由于设备有缺陷或运行调节不当，使汽、水漏入油系统中，引起油水乳化。油乳化将造成许多危害：进入轴承润滑系统的乳状液有可能析出水分，破坏了正常油膜，增大部件摩擦，引起局部过热、轴承磨损、机组振动及锈蚀等。严重乳化的油，有可能沉积于调速、循环系统的管路中，致使运行油不能畅通流动，不能起到良好润滑和调速作用，如未及时处理会造成重大事故。乳状液会锈蚀有关金属部件，如涡轮机调速机件、轴和轴瓦的光滑表面等，锈蚀严重时，危害极大。

GB 11120—2011《涡轮机油》规定，新油破乳化度应不大于15min，运行中涡轮机油质量标准中破乳化度的指标为不大于30min。

4. 抗泡沫性能和空气释放值

循环使用的润滑油系统中会经常进入一些空气，特别是在激烈搅动的情况下进入的空气更多。此外，设备密封不严、油泵漏气或油箱中的涡轮机油过分地飞溅，都会使空气滞留在油中。在油中的空气以气泡和雾沫空气两种形式存在。油中较大的空气泡能迅速上升到油的表面，并形成泡沫。油品表面形成泡沫的趋向及泡沫的稳定性即为油品的泡沫特性。油品能析出雾沫空气的特性，即为油品的析气性，评定油品析气性用空气释放值来表示。

涡轮机油的泡沫特性或空气释放值不好，会给系统带来不良的影响，如增加油的可压缩性，导致控制系统失灵，产生噪声和振动等；严重时损害设备，降低泵的有效容积和出口压力；油中溶有空气，特别在高温下，加速油的老化变质；泡沫多又会造成假油位等。

5. 防锈性

涡轮机油本身无腐蚀或腐蚀性极小，但运行中由于水分的存在，可导致油质乳化，引起油系统产生腐蚀。油中存在水分大于0.1%时就能产生锈蚀，如果油中同时还有水溶性酸存在，锈蚀情况更为严重。为了防止锈蚀现象的产生，添加防锈剂可提高油品的防锈性。

6. 酸值

酸值是涡轮机油使用性能的主要指标之一。运行中油受温度、空气、压力以及各种杂质的影响，油要逐渐氧化生成一些有机酸而使酸值增加。如果酸值过大，一方面，造成设备的腐蚀；另一方面，也会促使涡轮机油继续氧化生成油泥，给设备运行带来不利后果。在使用中，涡轮机油的酸值超过规定就不能继续使用，必须进行处理或更换新油。

7. 倾点

涡轮机油的倾点是用来衡量油品低温流动性的指标。倾点的高低决定于其中石蜡的含量，含蜡量越多，油品的倾点就越高。含蜡的油品在降温时，蜡将逐渐结晶，产生少量极微细的结晶，分散在油中，使油品出现云雾状的浑浊现象，失去透明性。如继续降低油温，蜡的结晶就逐渐长大，并进一步连接成网、形成结晶骨架。结晶骨架将此时还处在液态的油包在其中，使整体油品失去流动性。

8. 闪点

闪点是一项安全指标，一般闪点越低，挥发性越大，安全性越小。涡轮机油在长期高温下运行，应安全稳定可靠，故将闪点作为运行控制指标之一。涡轮机油运行质量指标中有两条明确的规定，即：①不比各次测定值低8℃。油在运行中如遇高温时，会引起油的裂解反应，油中高分子烃经裂解而产生低分子烃，低分子烃容易蒸发而使油的闪点下降。运行中也有因错补了低闪点油品而使闪点降低，因此规定了不比各次测定值低8℃。多年运行经验说明，这样的规定对机组的安全是有利的。当发现运行中涡轮机油闪点降低时，应及时查找原因，如果因机组过热而引起的应采取相应措施；若系混入其他油品，应取样进行油质全分析，以判断是否影响其他指标，如果只是影响闪点，则可采用真空滤油直至闪点合格为止；如真空处理闪点仍达不到标准，或还影响黏度等其他指标时，应换油。②不比新油标准低8℃。它规定了涡轮机油在运行中闪点不能低于一个下限值。如新油闪点的标准是不低于180℃，“不比新油标准低8℃”，即运行中涡轮机油的闪点不得低于172℃。如果没有这条规定，而只有“不比各次测定值低8℃”的规定，这样油的闪点就可能不受限制地往下降。

第三节　运行油性能的变化

一、油质劣化的原因

1. 受热和氧化变质

温度对油质氧化速率的影响是相当大的。一般温度在60℃以上时，每增加10℃，氧化速率就会加倍。油在发挥其热量传递功能时达到的温度被称为热负荷，热负荷是油在特定条件下能够传递热量的温度阈值。同样的涡轮发电机组，各自的润滑油有不同的使用寿命，温度影响是主要原因。润滑系统的局部“热点”能加速油的氧化进程，发生热氧化变质。

在高温下，碳氢化合物的热裂解会形成不稳定的化合物，进一步聚合成各种树脂和油泥。温度达到100℃以上时，油泥开始碳化，会形成焦炭样沉积，可引起转子显著损坏。碳能在轴承箱、油密封环上堆积起来，如果涡轮发电机组转轴碰上积碳，就会引起严重磨损。若堆积在轴乌金瓦最薄油膜处的附近，这种积碳会改变轴承的稳定特性和改变大轴中心线。为防止高温对涡轮机油的影响，在设计和安装上必须注意油系统与汽缸和轴封段等热体应隔开足够的距离。在管道布置时，油管应尽量避开高温的蒸汽管道，或加绝热保护层以减小蒸汽管道的散热。在运行中不使轴封向外漏汽等。

2. 受杂质和水分的影响

由于油中存在的杂质，例如水分、金属和颗粒物质，会促进油的氧化，并助长了泡沫、积垢和油泥的形成，因此必须加以控制。颗粒物质，例如粉煤灰、空气中灰尘和细砂，可能会通过轴承前的开口处和油箱的门盖进入润滑系统。同时，管道的结垢、铁锈和其他颗粒物质等也都有可能进入油系统。在润滑系统经过安装冲洗后，这些杂质很可能仍然留在系统内。润滑系统中不可避免地存在水分，水在油中呈溶解状态，超过饱和点后才析出游离水。油中含水的饱和度会随添加剂的多少和温度的高低而变化。因此，为了确保润滑系统的正常运行，必须通过采取措施来控制这些杂质和水分的影响。

一般情况是油中添加剂增多，水的溶解度就增大，在40%相对湿度的情况下，涡轮机油含水量（饱和）与油温关系如图1-3所示；在38℃情况下，涡轮机油含水量（饱和）与相对湿度关系如图1-4所示。在饱和曲线以上时，空气中水分被油吸收，在饱和曲线以下时水分将从油中析出。新的或刚开始运行的涡轮机油在室温下含水高达75mg/kg时通常仍是透明的，而当油含水量超过溶解限度时就显著混浊。新油不应含析出水，使用中的涡轮机油含水量不应超过0.1%，热油比冷油能吸收更多的水分。因此油温一旦降低，部分溶解于油中的水将成为析出水，可以在润滑系统低处的分支管线上予以收集。然而含水量即使在油的水分饱和曲线上下变动，也会引起润滑系统部件的腐蚀，形成锈斑、坑蚀或轴承表面的表皮被剥离。总之，水在油中会促进生锈，形成乳化和老化产物、油泥等物质，这些老化物质又会进一步促使油的氧化，形成恶性循环。因此，应及时清除油中杂质和水分。

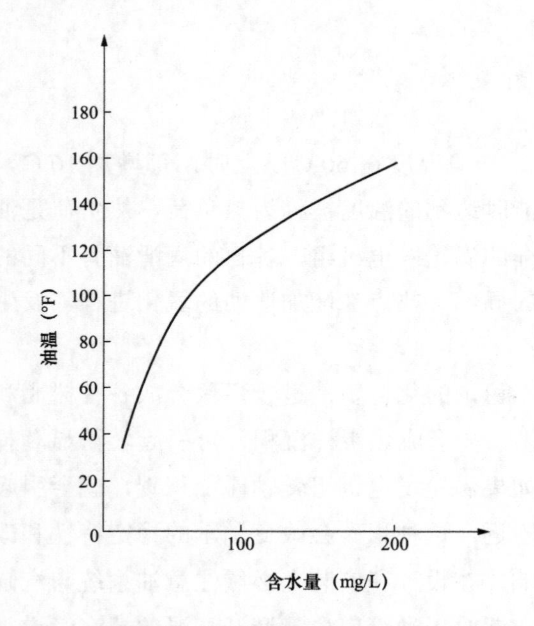

图1-3　涡轮机油含水量（饱和）与油温关系
{相对湿度40%时标准涡轮机油的吸水能力，
摄氏度（℃）=［华氏度（℉）−32］÷1.8}

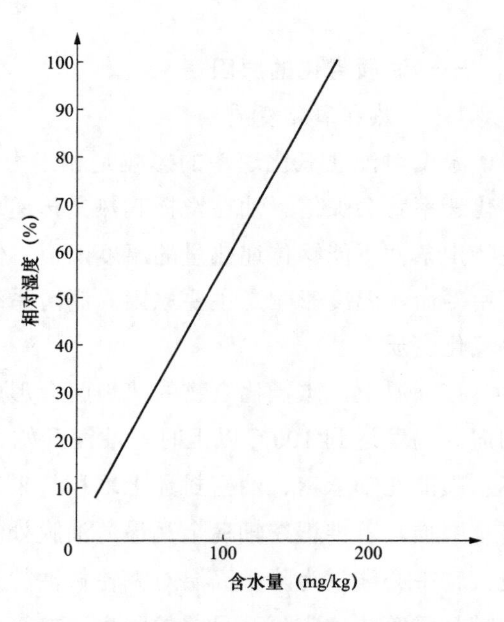

图1-4　涡轮机油含水量（饱和）与相对湿度关系（38℃下标准涡轮机油随相对湿度变化的吸水能力）

3. 油系统结构和设计

油箱不但用于储存系统的全部用油，还起着分离油中空气、水分和多种杂质的作用，所以油箱结构设计对油品变质起着一定的作用。若油箱容量设计过小，增加油循环次数，油在油箱停留时间就会相应缩短，起不到水分析出和乳化油的破乳化作用，会加速油的老化。

油的流速、油压对油品变坏也有关系，进油管中的油不但应具有一定的油压，而且还应维持一定的流速（1.5～2m/s）。回油管中的油是没有压力的，因此流速一般也较小（0.5～lm/s）。若回油速度太大，回到油箱冲力也大，会使油箱中的油飞溅，容易形成泡沫，造成油中存留气体，从而加速油品变质；同时冲力造成激烈搅拌，会导致含水的油形成乳化状态。

4. 油品化学组成

导致运行中涡轮机油变质的内在因素主要是油品的化学组成。涡轮机油是由烃类的混合物组成的。基础油的石蜡烃、环烷烃和芳烃相对比例，会直接影响油品的黏度指数、倾点等理化指标。芳烃对油品氧化安全性的影响有一定规律性，这与芳烃结构和含量有关。一般通过提高基础油的精制深度，减少油中有害物质，并加入添加剂来改进油品的质量。由于各种添加剂相互配合性对油品氧化安全性有一定的影响，因此如添加剂选择不当，反而会导致油品的性能变坏。

5. 涡轮机油系统检修

涡轮机油系统检修质量好坏，即清洗工作的质量好坏，对油品的物理、化学性能有着直接关系。尤其是漏汽、漏水的机组油系统比较脏，油中含有铁锈、乳化液、沉淀物，若不能彻底清除干净，则会降低油品性能。有时由于检修方法不当，如用洗衣粉等清洁剂，冲洗不净，就会造成油品被污染。在检修过程中，应采取机械手段彻底清除杂质，随后利用油品进行冲洗和循环过滤。在此过程中，可采用改变温度、敲打等辅助冲洗方法，直至油品中的杂质达到合格标准。

二、油质劣化造成的危害性

若油质劣化，涡轮机油不但起不到应有的润滑、调速和散热冷却作用，反而造成极大危害。国外曾做过分析和统计，由于涡轮发电机组轴承和转子故障损伤，所造成的经济损失每年约 1.5 亿美元，其中三分之一是因油系统故障引起的。由此可见，油系统的正常运行对涡轮发电机的安全运行至关重要。

第四节　涡轮机油的监督与维护

一、取样

抽取油样对于新油验收、运行油监督和废油鉴定都是必要的。

根据每批油的重要程度及数量，最好能保留一部分油样，供以后检查、比较用。油循环系统开始运行后，应尽早从新注油的循环系统中取样检查以取得原始数据，用来鉴别运行过程中发生的变化。取样前应将取样位置和取样器具进行彻底清洗及干燥，但不准使用有纤维的材料揩拭。一般应使用新的瓶子取样。用过的瓶子再利用时，应先用溶剂或洗涤剂清洗，清洗后用水、蒸馏水冲洗，最后进行干燥。装运和保存油样时，应该用带磨口的棕色玻璃瓶或白铁、铝制容器装存，特殊项目的取样瓶应按有关规定执行。取样量最少应为1L。油样要有明显标志，化验前应在室温下避光保管。

1. 新油到货时的取样

新油以桶装形式交货时，取样数目和方式应按GB/T 7597—2007《电力用油（变压器油、汽轮机油）取样方法》的要求进行。如怀疑有污染物存在，则应每桶油逐一取样。对于国外进口的涡轮机油，应逐桶取样检查。新油以大油罐车或小油罐车交货时，应从下部阀门处取样，必要时还应自油罐顶部抽取平均油样。

2. 运行中从设备内取样

运行中应始终从同一位置上取油样，使取得的数据有对比性。

正常的监督试验，一般情况下从冷油器中采集油样。

目测检查水分和杂质时，应从油箱底部采集油样。

机组停运时，应从油箱中取样。

3. 取样容器

对于用于颗粒度检测的取样瓶，应使用专用的颗粒度取样瓶。其他项目的取样瓶，应是合格的500～100mL的磨口具塞玻璃瓶。

4. 标签

每个样品应有正确的标签，至少应包括下述内容：①单位名称；②机组编号；③机组容量；④涡轮机油牌号；⑤取样部位；⑥机组投运年月；⑦截至取样时运行小时数；⑧采样日期；⑨自最近一次取样以来，新油补充数量，设备有无故障；⑩最近一次滤油日期；⑪取样人签名。

取样完后，应及时按标签内容要求，逐一填写清楚。

二、检验

新油的检验有基本检验和验收检验之分。基本检验的目的是确定被检验的油品是否符合有关标准规定和供货条件。一般来说，基本检验由专门的机构进行。而验收检验的目的是要确定所供的这批油是否符合明确的质量标准。

检验运行油是为了对油的质量和设备的工况进行监视。

1. 新油验收

新油到货时，应按新油标准进行验收检验，同时要求供货单位提供由专门机构出具的基本检验的报告。对于进口涡轮机油，应按国外有关标准进行验收检验。

2. 新油注入设备后的试验程序（新机组及大修机组投运前）

当涡轮机油装入设备后进行系统冲洗时，应连续循环滤油，直至取样分析各项指标与新油无差异。对于要求检测颗粒度的机组，一定要经颗粒检测合格后，才能停止油系统的连续过滤循环。

试验项目：

外观：清洁、透明，无游离水。

黏度：应符合新油指标。

酸值：应符合新油指标。

水分：应符合新油指标。

闪点：应符合新油指标。

颗粒度：小于等于八级。

3．运行中涡轮机油的检验

运行中涡轮机除定期进行较全面的检测以外，平时必须注意有关项目的监督检测，以便随时了解涡轮机油的运行情况，如发现问题应采取相应措施。

（1）现场试验。包括以下性能的测定：

外观：清澈透明。

水分（定性）：目测无可见游离水或乳化水。

颜色：不是突然变得太深。

以上项目和油温、油位应由涡轮机操作人员或油务人员观察、记录。

（2）实验室检验。运行中涡轮机油检测项目及周期见表 1-3。

表 1-3　　运行中涡轮机油检测项目及周期

项目	投运一年内	投运一年后
外观	一周	一周
水分	1 个月	3 个月
酸值（mgKOH/g）	1 个月	2 个月
颗粒度	1 个月	2 个月
黏度（40℃，mm^2/s）	3 个月	6 个月
闪点（开口，℃）	必要时	必要时
破乳化度（54℃，min）	6 个月	6 个月
液相锈蚀	6 个月	6 个月
泡沫特性（mL）	6 个月	每年
空气释放值（min）	必要时	必要时

三、关于补加和混油的规定

在日常油务监督工作中，混油和补油问题时有发生。过去，部分单位因补油和混油问题导致设备损坏，造成了不良后果。因此，为了防止类似事故的发生，必须严格遵守补油和混油的有关规定，并进行相关的试验。

欲互相混合的油，不论是新油或运行中的油，不论是同牌号的还是不同牌号的油，均必须是合格的。即新油要符合新油的质量标准，运行中油要符合运行中油的标准。如运行中油接近极限值或不合格时，不允许用补充新油的办法，以改善油质或提高油质合格率。应对不合格的油进行处理或更换。

不同牌号的涡轮机油（不论是新油或运行中油），原则上不宜混合用。因为不同牌号涡轮机油的黏度不同，而黏度是涡轮机油的重要指标之一。多少转数的机组用多大黏度的涡轮机油，有严格的规定。如必须混合，应先按实际混合比例做混合油样的黏度试验，如黏度符合要求时，才能考虑混油的其他试验。如黏度不符合要求，不能混合使用。

当运行中油的质量下降到接近运行油指标时，如补加同一牌号的新油或接近新油标准的运行油，因新油和运行中油（已开始老化油）对油泥的溶解度不同，即新油对油泥溶解度小，为防止补充新油后，油系统中有油泥析出，故必须预先进行混合油样的油泥析出试验。即按实际比例的混合油样取10mL于100mL带磨口塞的量筒中，用不含芳香烃的正庚烷或石油醚稀释至100mL，摇匀。放在暗处24h后，取出观察是否有沉淀物析出，如无沉淀物产生，方可混合使用。如补充不同牌号的涡轮机油时，应先做混合油样的黏度试验，以决定是否可混。如黏度可以，再做油泥析出试验，进一步决定是否可混。

进口油或来源不明的油，需与不同牌号的油混合时，应先进行各种油及混合油的黏度试验，如黏度在合格范围之内，再进行各种油及混合油样的老化试验，老化时加温的时间可以是连续的，也可以是累积的。老化后混合油的质量不低于单一油中最差的一种油，方可混合使用。

四、维护与防劣措施

涡轮机油日常维护的大量工作是定期地或连续地消除油中水分、机械杂质和油泥，通常采用吸附净化、定期排水、离心滤油、压力过滤和精密过滤等处理办法。但是维护工作的重点还应当放在如何减少或防止油中进水和进杂质上。为此，在基建阶段，必须严把施工和油冲洗质量，保证不将问题遗留给生产单位；在生产上提高机组检修质量，防止轴封的漏汽、冷油器的泄漏及添加防锈剂，同时还必须加强运行中汽封压力的调整、减少轴封漏汽。此外，在涡轮发电机组的大修期间，必须对油系统进行彻底清扫，清除油泥和其他沉积物，再用大流量冲洗装置进行冲洗，并用精密滤油机进行过滤直至油系统及油质达到合格为止。

涡轮机油的防劣办法较多，也较成熟，关键是现场管理和严格执行。目前现场采用的方法有：安装连续再生器，安装大型油净化器，添加抗氧剂、防锈剂、破乳化剂等。

1. 油系统中的循环净化设备

涡轮机油系统应配备可在旁路中连续工作的压力式滤油机和离心滤油机等，以便及时清除杂质，这类设备有时也能清除油中的老化物。

（1）离心滤油机，用以分离油中水分和杂质。

（2）纸质精滤器或压力式滤油机，用以滤掉固体杂质和油泥。

（3）装有纤维滤芯的精滤器，用以滤掉细小固体杂质。

（4）一般200MW及以上机组均增设了大型油净化器，这种净化器由沉淀箱、过滤箱、贮油箱、排油雾机、自动抽水器和吸附滤油器等组成，这种较大油容积的油净化器对油中水分、杂质的清除效果良好，并兼有重力分离、过滤与吸附净化作用。

（5）连续再生装置。连续再生装置是涡轮机油在运行中进行净化的一种吸附过滤装置。这是利用再生器中充填的活性硅胶吸附剂除去油中劣化产物。运行经验表明，运行中涡轮机油采用连续再生器进行吸附净化是一种有利于提高油质的措施，但是目前涡轮机油添加的防锈剂和抗乳化剂是表面活性物质，容易被吸附剂吸附，因此现在不宜采用。

（6）加装磁铁过滤器可收到更好的效果。

（7）在旁路过滤前应装有冷却器，先将油冷却到约25℃，因为这一温度下，老化产物会沉淀下来，便于将其滤净。

对滤油器而言，其截污能力决定于过滤介质的材质及其过滤孔径。金属质滤料包括筛网、缝隙板、金属颗粒或细丝烧结板等，它的过滤精度大于等于20μm，其过滤作用是对机械杂质的表面截留，且可重复使用。纤维质过滤器的过滤精度大于0.3μm，对油系统有深度清洁作用，但它是一次性，只能更换滤芯再用。

在运行中应加强检查和维护过滤器。定期检查过滤器滤元上附着物是一项重要的预防措施，可以及时发现涡轮机、油循环系统及油中初始出现的问题。如果发现滤油器滤元有污堵、锈蚀、破损或压降过大等异常情况，应查明原因并进行清扫或更换。

当涡轮机检修时，或由于不正常工况引起油中进水或杂质时，必须将油箱中的油通过移动式或集中式过滤器或离心机放出。因此，在油箱的最低处应装有接口管座，这样的接口（即放水口）可用来排污、排水和取样，但要装有安全装置，以防误开。

2. 新机组的首次注油

油系统的制造部门、基建部门、用油部门和质检部门等应共同参加新机组油系统设备的投产工作。所用油的品种及质量应符合新油质量指标。设备及管道的安装施工应严格执行有关质量标准规定。设备安装完毕后，应将全部部件进行彻底清洗。对轴承、调节、控制和液压元件来说，最危险的是轧鳞、焊皮、焊瘤、铁锈、砂和金属等，以及在制造和安装过程中有可能进入油循环系统中的异物。

对油系统中的各部件，不允许使用诸如油脂、石墨、二硫化钼等特殊润滑材料进行润滑。含硅的密封材料，在任何部位都不允许与油接触。

在首次注油前，应用油对管道系统进行大流量冲洗。但是使用油冲洗系统的前提是在安装过程中已采取了全部防范脏污的措施，管道的焊接是用氩弧焊和套筒焊。冲洗需用的最低油量约相当于运行油量的60%，冲洗用的设备可以是运行油泵、辅助油泵或是专用大流量冲洗装置。冲洗时要注意以下几点：

（1）所有轴承的油截门必须全部打开。最好将轴承拆下，或用插片堵住。也可拆下承重轴承的上轴瓦，这样就可以使承重轴承的进油孔与轴承箱直接连通，将冲洗油直接注入轴承箱，防止脏物进入轴与轴瓦之间。应该将轴承上的顶轴油管卸开，使顶轴油直接引入轴承箱，以免脏物进入下轴瓦。

（2）调节和保安系统中的控制阀门应全部拆除，以保证最大流量。

（3）利用油箱中原有加热装置或将热水临时通入冷油器中对油进行加热。首先，将油温加热至70℃，然后降温至30℃，如此反复多次，使供油系统产生胀缩。通过这种方式，管子弯头部位的残砂和焊口部位的焊皮会自然脱落。若使用锤子进行敲打，为保证操作的专业性和安全性，建议使用气锤对管道进行振打，特别是焊口和弯头部位。

（4）为了加强油的冲刷力量，可以将轴承分为若干组，依次进行冲洗。

（5）在冲洗过程中用离心机和过滤器对油进行过滤，可以持续保持整个油系统内的清洁度。为此所用的移动式过滤器，其过滤精度为小于等于10μm。供油系统的全部部件甚至备用设备，均应经较长时间的冲洗，直至油质的颗粒度达到所规定的标准为止。

（6）由于顶轴油泵不能受脏污的影响，因此建议在油系统彻底冲洗后，最好对顶轴系统再进行一次补充冲洗，其进油一定要经过过滤。

必须注意的是，在首次注油或以后的补油中，一定要将油通过精密过滤器注入系统。

3. 添加抗氧化剂

涡轮机油中添加抗氧化剂是减缓油质劣化的有效方法。目前国内外普遍采用的抗氧化剂是T501（2，6-二叔丁基对甲酚），该添加剂对于新油或轻度劣化的油作用十分显著，但是对于已劣化较重的油却无明显的效果。因此一般要求被加油的pH值应在5.0以上。国产新油中一般加有0.3%～0.5%的T501抗氧化剂，运行中由于氧化作用和外界因素的影响，抗氧化剂会逐渐消耗。因此，运行中应定期检测抗氧化剂含量，当含量低于0.15%时，应补加，补加量约为0.3%。

补加抗氧化剂应在设备停运或补加新油时进行。采用热溶解法添加，即将药剂在50～60℃油中溶解，并不断搅拌使T501充分溶解，配成5%～10%的母液，再将母液通过压力式滤油机注入主油箱中，利用滤油机进行循环搅拌，使T501与运行油混合均匀。添加T501后应对运行油质进行检测，以便及时发现异常情况。

对于运行多年而没有加过抗氧化剂的涡轮机油，添加抗氧化剂前应先做感应性试验，即按常规剂量加入抗氧化剂的油与不加添加剂的同一油样同时进行老化试验或氧化试验，并测试两种油的主要理化性能，如酸值、油泥、pH值、闪点、黏度、破乳化度、防锈性能，以及对老化试验或氧化试验前后的酸值和沉淀物等进行比较，以便全面判断添加剂的效果、添加剂对油品理化性能的影响程度，同时还可确定最佳添加剂量。一般要求抗氧剂加入后油的抗氧化能力要比原油高5～8倍（抗氧化能力提高倍数等于未加抗氧剂油氧化后的酸值与抗氧化油氧化后的酸值之比），同时要求添加抗氧剂后，应对油品其他理化性能无不良影响。感应性试验达到上述要求后，则可以添加抗氧化剂。添加方法与补加方法相同。添加前运行油需要彻底净化，除去杂质和水分，以便减少抗氧化剂的损耗，提高效果。此外，添加前后还应对运行油进行全面检测，以便及时发现异常情况。

4. 添加防锈剂

涡轮机油中会因各种原因漏入汽、水，造成油质乳化和油系统内金属表面的腐蚀，腐蚀严重时会导致调速系统卡涩，直接威胁机组的安全运行。多年的实践证明，在运行油中添加防锈剂，可以有效地防止油系统的腐蚀。目前国内普遍采用的防锈剂是十二烯基丁二酸，简称“746”，该添加剂是一种具有表面活性的有机二元酸，结构式为：

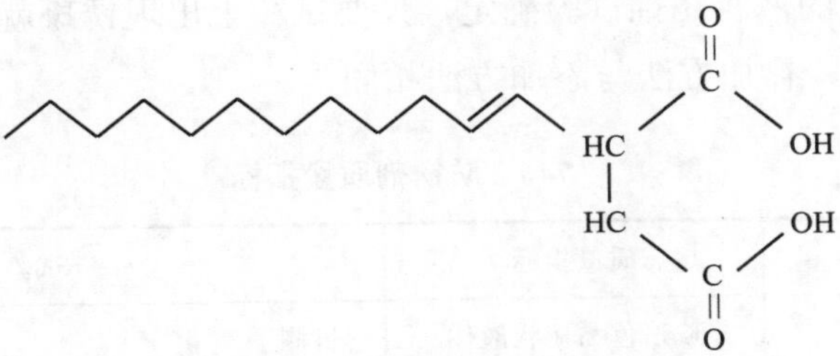

非极性基因（烃基）

“746”防锈剂的分子中包含有非极性基团的烃基和极性基团的羧基，具有极性基团的羧基易被金属表面吸附，而烃基则具有亲油性质易溶于油中。因此“746”防锈剂在油中遇到金属就有可能在其表面规则地定向排列起来（吸附所致），形成致密的分子膜，有效地阻止了水、氧和其他侵蚀性介质的分子或离子浸入到金属表面，从而起到防锈作用，“746”防锈剂工作示意图见图 1-5。

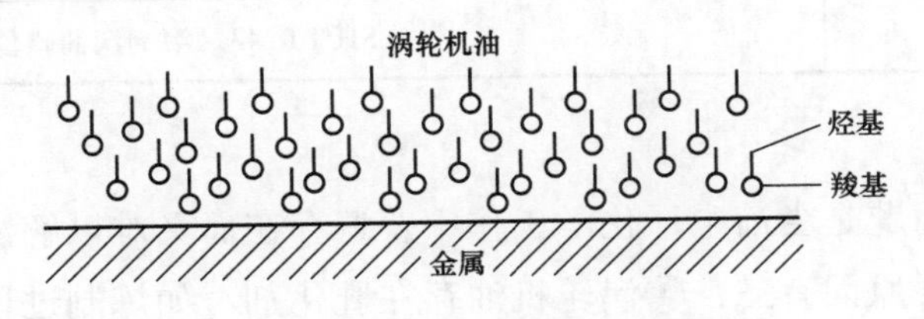

图 1-5 “746”防锈剂工作示意图

“746”防锈剂为琥珀色黏稠液体，其 pH 值应不小于 4.2，其质量指标见表 1-4。

添加防锈剂应注意以下几点：

（1）运行油中添加“746”防锈剂，应进行防锈效果试验，包括液相锈蚀、破乳化度及其理化性能指标。一般运行油中添加 0.02%～0.03%防锈剂后，酸值会有所上升，但应没有不良影响，油品其他指标也应符合规定要求，液相锈蚀试验的金属试棒应无锈蚀斑点，此时可以确定添加防锈剂。

（2）为了使“746”防锈剂更好地在金属表面形成牢固的保护膜，以达到预期防锈的效果，第一次添加防锈剂之前应将油系统的各个管路、部件以及主油箱全部进行清扫或清洗，使油系统内表面露出原来的金属表面，并且做好金属表面状况的详细记录，以便以后检修时进行检查对比，考查防锈效果。同时利用压力式过滤机和离心滤油机对运行油进行滤油，以清除杂质和水分。

（3）按照事先确定的添加剂量，根据油量计算出“746”防锈剂的需要量，然后将“746”防锈剂先用运行油配制成10%的浓溶液（母液），配制时可将油温加热到60～70℃，以便加快“746”防锈剂的溶解。再将母液通过压滤机注入主油箱中循环搅拌，使母液与运行油混合均匀。此外，添加前后应对运行油质进行全面监视，以便及时发现异常情况。

（4）补加防锈剂。由于“746”防锈剂在运行中会逐渐消耗，因此需要定期补加，补加期一般由运行油的液相锈蚀试验确定，只要试棒上出现锈斑就应及时补加，补加量可控制在0.02%左右，补加方法与添加方法相同。

表1-4　　“746”防锈剂质量指标

项目	质量指标	试验方法
外观	琥珀色黏稠状液体	目测
酸值（mgKOH/g，不大于）	340	GB 264《石油产品酸值测定法》
碘值（gI/100g）	50～60	SH/T 0243《溶剂汽油碘值测定法》
pH值（不小于）	4.2	SH/T 0195《润滑油腐蚀试验法》
腐蚀铜片（100%，3h）	合格	GB/T 11143《加抑制剂矿物油在水存在下防锈性能试验法》
液相锈蚀（蒸馏水）	无锈	GB 264《石油产品酸值测定法》
坚膜试验	无锈	SH/T 0243《溶剂汽油碘值测定法》

5．添加破乳化剂

涡轮机油乳化问题是当前电厂化学工作中普遍存在而又难以解决的关键问题之一。涡轮机油乳化的主要原因有三：①涡轮机油存在乳化剂，如炼制过程中残留的天然乳化物和油质老化时产生的低分子环烷酸皂及胶质等物质。②涡轮机油中存在水分，油中水分是由于涡轮机组轴封漏汽等原因导致蒸汽漏入涡轮机油中凝结成水。③涡轮机油、水、乳化剂在机组运转时受到高速搅拌，最后形成油水乳液。

乳化油不能在轴颈与轴承乌金面间形成均匀的润滑油膜，容易引起轴承磨损、机组振动及油系统锈蚀问题。因此，我们首先应该提高机组检修质量，加强运行调整，消除轴封漏汽，防止油中进水，同时必须设法提高涡轮机油的抗乳化性能。添加破乳化剂就是提高涡轮机油抗乳化性能的一个有效方法，该方法简便易行，适宜现场采用。当然，已经乳化的涡轮机油一般应用离心滤油机滤油。

乳化剂通常都是表面活性物质，乳化剂能在油水之间形成坚固的保护膜，使油水交融、难于分离。涡轮机油的乳化往往是形成油包水状的乳化液。如果在油包水状的乳化液中加入与乳化剂性能相反的另一类表面活性物质（破乳化剂），破坏油包水状的乳状液，使水滴析聚，乳化现象消失。

添加破乳化剂方法与添加防锈剂方法相同。在添加前应进行破乳化效果试验，以便确定破乳化剂的破乳化能力、破乳化剂对油品其他理化性能的影响程度，以及破乳化剂添加后油中是否出现油泥沉淀。如果证实添加破乳化剂后能提高油的抗乳化性能，并且对油品的其他理化性能均无不良影响（注意油中加剂后绝对不应有油泥沉淀析出），那么可以进一步通过小型试验确定最佳添加剂量。

添加前应彻底清扫油系统，同时还应消除被加油中的水分和杂质，然后根据已确定的添加剂量，将破乳化剂用运行油配制成适当浓度的母液，最后通过压滤机注入油箱。必须注意，添加前后应对运行油质进行全面检测，以便及时发现异常情况。

由于破乳化剂在运行过程中会逐渐消耗，因此需要定期补加。补加期一般由油的破乳化度确定，当破乳化度大于 30min 时即应补加，补加量为首次添加剂量的 2/3，补加方法与添加方法相同。

6. 油处理方法

运行油的处理方法一般有离心分离、机械过滤及精密过滤等。

离心分离是涡轮机油净化最常用的方法。离心式分离机借助具有碟形金属片的转鼓在高速旋转下产生的离心力，使油中水分、杂质与油分开而达到净化目的。离心式分离机一般在油中水分不合格或有大量杂质时使用。使用离心式分离机净化油时，应根据油相对密度和水分含量，正确选择转鼓的调节环和装配方式。为防止油的氧化，油温应不大于 60℃。但为提高分离机的出力，当油温过低时（低于 15℃），应加装预热器，适当提高油温。

机械过滤（常用压力式滤油机）对油的净化程度较离心分离高，但对含有大量水分、杂质的油，需选用离心分离机进行粗滤，以提高其过滤效率。过滤滤纸在使用前必须充分干燥。另外，在滤油过程中，应注意更换滤纸。为了防止滤纸的纤维进入油中，可在滤油机的最后几层放滤纸处放入几层绸布，在开始滤油的 2.5～10min，将滤油机引出的油重新导入滤油机的油泵入口。

真空滤油在涡轮机油净化处理中常作为离心分离或机械过滤的辅助措施。对提高过滤效率和油的净化程度，特别是对某些闪点降低油或严重乳化油的处理尤为必要。

运行油的滤油处理常采用旁路循环方式。即将滤油机进出口与主油箱相连，由油箱底部放油阀门将污油注入滤油机，经净化后再返回主油箱净油区。为提高净化效率，必要时，可采用两台离心分离机串联进行多级过滤（二级离心机与压力式滤油机串联示意图如图 1-6 所示）。操作上还应设法避免油系统可能有循环不到的死角。不停机滤油时，应做好安全措施，要特别注意维持油箱正常油位，防止管路系统跑油或进空气。过滤油量一般控制在总油流量的 10%～20%。

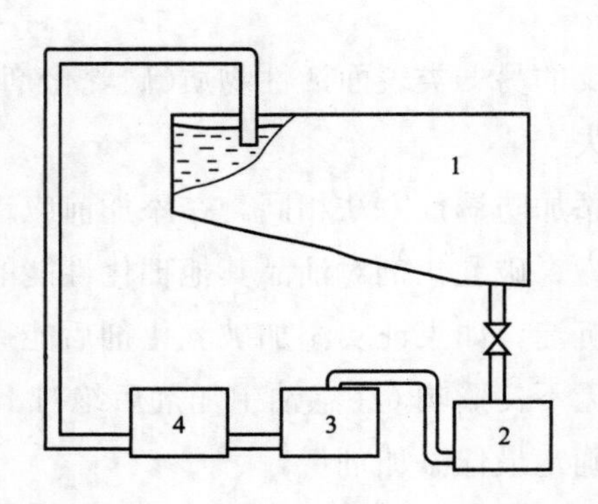

图 1-6　二级离心机与压力式滤油机串联示意图

1—油箱；2—一级离心机；3—二级离心机；4—压力滤油机

第二章

涡轮机油案例

第一节　破乳化异常案例

一、破乳化异常案例 1

1. 情况简介

某电厂 1 号机组容量为 200MW，主机用涡轮机油使用 32 号防锈涡轮机油，机组启动时，油中进水，油质乳化，水分含量超标。

2. 案例分析

为了了解该油的油质状况，按照 GB 11120—2011《涡轮机油》对新油主要项目进行分析试验，按照 GB/T 14541—2017《电厂用矿物涡轮机油维护管理导则》对运行油进行分析试验，新油油质分析试验结果、运行油油质分析试验结果分别见表 2-1 和表 2-2。新油和运行油外观见图 2-1。

从表 2-1 和表 2-2 看出：新油符合标准要求，运行油水分高达 41555mg/L。而从图 2-1 可以看出：透过新油，其背景黑色线条清晰可见；而无法透过运行油看到黑色线条，说明运行油外观不透明，油呈乳化状态。除外状和水分外，运行油其他指标均符合标准要求，同时新油和运行油的旋转氧弹值均大于 300min，说明只要采取有效的处理措施，降低水分，提高该油的抗乳化性能，此油可以继续使用。

表 2-1　　新油油质分析试验结果

检验项目	检验结果	GB/T 14541—2017《电厂用矿物涡轮机油维护管理导则》质量指标（优级品）	试验方法
外观	透明	透明	外观目视
运动黏度（40℃，mm^2/s）	32.10	28.8～35.2	GB/T 265《石油产品运动粘度测定法和动力粘度计算法》
黏度指数	100	≥90	GB/T 1995《石油产品粘度指数计算法》
酸值（mgKOH/g）	0.136	—	GB/T 264《石油产品酸值测定法》
倾点（℃）	−28	≤−7	GB/T 3535《石油产品倾点测定法》

续表

检验项目		检验结果	GB/T 14541—2017《电厂用矿物涡轮机油维护管理导则》质量指标（优级品）	试验方法
破乳化度（54℃，min）		13.0	≤30	GB/T 7605《运行中汽轮机油破乳化度测定法》
机械杂质（%）		0.0046	无	GB/T 511《石油和石油产品及添加剂机械杂质测定法》
水分（mg/L）		29	无	GB/T 260《石油产品水含量的测定 蒸馏法》
开口闪点（℃）		217	≥180	GB/T 267《石油产品闪点和燃点的测定方法（开口杯法）》
泡沫倾向性	24℃（mL）	0/0	450/0	GB/T 12579《润滑油泡沫特性测定法》
	93℃（mL）	0/0	100/0	
	后 24℃（mL）	0/0	450/0	
空气放值（50℃，min）		2.1	5	SH/T 0308《润滑油空气释放值测定法》
旋转氧弹（min）		340	—	NB/SH/T 0193《润滑油氧化安定性的测定 旋转氧弹法》

注：合格品酸值指标为小于等于 0.3mgKOH/g。

表 2-2　　运行油油质分析试验结果

检验项目		检验结果	GB/T 14541—2017《电厂用矿物涡轮机油维护管理导则》质量指标	试验方法
外观		不透明	透明	外观目视
运动黏度（40℃，mm^2/s）		31.94	与新油原始测值偏离小于等于 10%	GB/T 265《石油产品运动粘度测定法和动力粘度计算法》
酸值（mgKOH/g）		0.102	未加防锈剂油小于等于 0.2	GB/T 264《石油产品酸值测定法》
			加防锈剂油小于等于 0.3	
破乳化度（54℃，min）		27.5	≤30	GB/T 7605《运行中汽轮机油破乳化度测定法》
水分（mg/L）		41555	氢冷机组小于等于 80	GB/T 7600《运行中变压器油和汽轮机油水分含量测定法（库仑法）》
			非氢冷机组小于等于 150	
开口闪点（℃）		213	与新油原始测值相比不低于 15	GB/T 267《石油产品闪点与燃点测定法（开口杯法）》
泡沫倾向性	24℃（mL）	165/0	≤500/10	GB/T 12579《润滑油泡沫特性测定法》
	93℃（mL）	45/0	≤100/10	
	后 24℃（mL）	90/0	≤500/10	

续表

检验项目	检验结果	GB/T 14541—2017《电厂用矿物涡轮机油维护管理导则》质量指标	试验方法
空气放值（50℃，min）	3.0	≤10	SH/T 0308《润滑油空气释放值测定法》
旋转氧弹（min）	333	不低于新油原始测定值的25%	NB/SH/T 0193《润滑油氧化安定性的测定法　旋转氧弹法》

3. 案例处理

针对运行油油质分析结果，通过再生油样的分析试验在实验室对来样进行小型的吸附再生处理。试验过程及结果如下：

图 2-1　新油与运行油外观

处理方法：将 2%、4%及 10%吸附剂加入加热到 60℃的油中搅拌 40min，使吸附剂与油充分接触，以便吸附完全，将油与吸附剂的混合物过滤分离后，对再生后油进行破乳化度试验，同时测试做完破乳化度后的油层水分，结果对比见表 2-3。做完破乳化度后油层外观见图 2-2。

表 2-3　　再生前后油的主要项目结果对比

油样	运行油	2%吸附剂	4%吸附剂	10%吸附剂
破乳化度（54℃，min）	17.5	4.8	1.4	0.8
做完破乳化度后油层水分（mg/L）	4216	1836	1450	1200

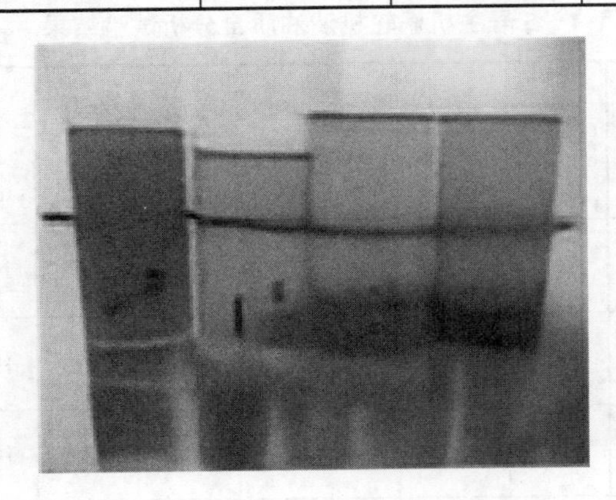

图 2-2　做完破乳化度后油层外观

由表 2-3 和图 2-2 可以看出：

（1）运行油经不同浓度吸附剂再生后，破乳化度明显优于新油标准，其中 10%吸附剂处理已经达到 0.8min。

（2）随吸附剂浓度增大，其处理效果更好。

（3）运行油做完破乳化度后油层水分为 4216mg/L，吸附剂处理后，其水分含量下降，且呈现吸附剂浓度增大，水分降低的趋势。

（4）从做完破乳化度后油层外观可以看出：再生处理后油比原油透明，且吸附剂浓度越大，透明度越高。

以上试验结果说明再生处理可以改善油质，同时说明再生处理可以提高油、水分离的能力，改善油的抗乳化性能。现场使用涡轮机油再生设备对运行油进行在线再生处理，共使用再生滤芯 6 套。2 日后从油箱底部取样，水分为 62mg/L，破乳化度已经为 11.6min，取得良好的处理效果。

处理合格后，对 1 号机运行油添加了 T501 抗氧化剂（0.5%）和防锈剂（0.03%），并跟踪观察水分和破乳化度的变化。油的水分稳定在 25～80mg/L，破乳化度均稳定在 4～8min。说明处理后涡轮机乳化油的酸值和破乳化度指标得到了明显改善，超过了新油水平。

二、破乳化异常案例 2

1. 情况简介

某公司机组容量为 4×330MW，4 台机组主油箱的涡轮机油及所有电动给水泵的涡轮机油运行一段时间后（一般主机 10～12 个月，电动给水泵 4 个月）均出现破乳化度超标的现象。

2. 案例分析

（1）油质分析。为了准确了解 4 台机组 5 个涡轮机油样的油质状况，在实验室进行了油质的全分析试验，1～5 号主机涡轮机油油质全分析试验结果见表 2-4。

表 2-4　　1～5 号主机涡轮机油油质全分析试验结果

检测项目	外状	破乳化度（54℃，min）	闪点（开口，℃）	运动黏度（40℃，mm^2/s）	酸值（mgKOH/g）	水分（mg/L）	液相锈蚀（蒸馏水）	泡沫试验			空气释放值（min）
								24℃（mL）	93.5℃（mL）	后 24℃（mL）	
1 号主机涡轮机油	透明	＞60	203	43.41	0.121	35.8	无锈	110	50	70	8.3
2 号主机涡轮机油	不透明	＞60	204	45.08	0.107	33.4	无锈	130	55	210	8.4
3 号主机涡轮机油	透明	＞60	201	42.13	0.107	27.2	无锈	110	50	140	8.6
4 号主机涡轮机油	透明	＞60	203	37.86	0.091	39.7	无锈	380	80	370	7.1
5 号主机涡轮机油	透明	＞60	213	42.19	0.091	24.8	无锈	15	55	230	8.7

由表 2-4 可以看出，5 个油样除破乳化度严重超标，4 号主机涡轮机油的黏度偏低外，其他指标均合格，因此只要采取措施解决了该油存在的破乳化度问题，就可以继续使用。

（2）吸附剂处理试验。对于破乳化度指标超标的涡轮机油，一般可以通过再生处理的方法将油处理合格。为此对 5 个油样在实验室进行小型吸附再生试验，过程如下：

处理方法：分别将吸附剂加入到 50～60℃的油中，激烈搅拌 1h，使吸附剂与油充分接触以便吸附完全，将油与吸附剂的混合物过滤分离即得到再生油，测定再生油的破乳化度，实验室再生处理试验破乳化度数据见表 2-5。

表 2-5　实验室再生处理试验破乳化度数据　单位：min

检测项目	处理前	用 2%吸附剂处理	原油用 2%吸附剂处理后，室温下静置 10 天	原油用 2%吸附剂处理后，115℃下老化 72h
1 号主机涡轮机油	>60	2.47	5.5	>60
2 号主机涡轮机油	>60	3.86	7	>60
3 号主机涡轮机油	>60	2.1	5.3	>60
4 号主机涡轮机油	>60	>60	>60	>60
1 号主机 A 电动给水泵涡轮机油	>60	1.4	3.7	145

表 2-5 表明：油样用 2%吸附剂处理后，1 号主机、2 号主机、3 号主机、1 号主机 A 电动给水泵 4 个油样的破乳化度均处于合格范围内，达到了新油标准。4 号主机的涡轮机油乳化比较严重，用 2%的吸附剂很难处理合格，为此加大吸附剂的用量对 4 号主机进行处理，4 号主机涡轮机油再生处理试验结果见表 2-6。

表 2-6　4 号主机涡轮机油再生处理试验结果

处理方法	破乳化度（54℃，min）
处理前	>60
用 2%吸附剂处理	>60
用 3%吸附剂处理	473
用 4%吸附剂处理	11.5
用 5%吸附剂处理	1.2

从表 2-6 的试验结果可以看出，只要加大吸附剂的用量，4 号主机的涡轮机油破乳化度也能处理到合格范围内，达到新油标准。

综合表 2-5 和表 2-6 可以得出：通过再生后可将油的破乳化度提高到很好的水平；处理后的油在室温下静置 10 天后，破乳化度又有所反弹上升，而且将处理后的油样进行开口杯老化试验，油的破乳化度反弹幅度增大，说明油的抗氧化性能较差，故对其进行添加抗氧化剂试验。

（3）添加抗氧化剂试验。添加 T501 抗氧化剂试验结果见表 2-7。

表 2-7　添加 T501 抗氧化剂试验结果　单位：min

检测项目	原油用 2%吸附剂处理后，加 0.5%T501 抗氧化剂，在室温下静置 7 天	原油用 2%吸附剂处理后，加 0.5% T501 抗氧化剂，在 115℃下老化 72h	原油用 2%吸附剂处理后，加 0.5% T501 抗氧化剂，在 115℃下老化 72h，室温下静置 5 天
1 号主机涡轮机油	2.5	2.53	2.58
2 号主机涡轮机油	3.8	3.88	4.01
3 号主机涡轮机油	2.1	2.18	2.2
4 号主机涡轮机油	1.2	1.23	1.27
1 号主机 A 电动给水泵涡轮机油	1.5	1.59	1.60

以上试验结果表明：5 个油样的破乳化度升高是由于油的抗氧化能力较差导致的。油劣化后，产生的老化产物溶于油中，导致油的破乳化度变差。通过吸附剂再生后，将油中溶解的老化产物吸附，使处理后的破乳化度降低。但如果不改善油的抗氧化性能，即使处理合格，油的破乳化度又会反弹。通过添加 T501 抗氧剂后，使油的抗氧化能力得到很好改善；采取强制老化措施进行老化试验，处理后油的破乳化度仍然保持在良好的水平，达到新油标准。

通过以上试验说明，可以通过再生处理和添加抗氧剂的方法将油的破乳化度抗氧化能力提高，此方法是否会对油的其他性能产生影响，为此对处理前后的油质进行了综合试验对比分析，处理前后的油质比对见表 2-8。

表 2-8　处理前后的油质比对

检测项目	处理状态	外状	破乳化度（54℃，min）	闪点（开口，℃）	运动黏度（40℃，mm^2/s）	酸值（mgKOH/g）	水分（mg/L）	液相锈蚀（蒸馏水）	泡沫试验			空气释放值（min）
									24℃（mL）	93.5℃（mL）	后 24℃（mL）	
1 号主机涡轮机油	前	透明	＞60	203	43.41	0.121	35.8	无锈	110	50	70	8.3
	后	透明	2.47	205	43.44	0.04	34.9	无锈	120	40	80	8.4
2 号主机涡轮机油	前	不透明	＞60	204	45.08	0.107	33.4	无锈	130	55	210	8.4
	后	透明	3.86	204	45.12	0.05	31.8	无锈	130	60	180	8.3
3 号主机涡轮机油	前	透明	＞60	201	42.13	0.107	27.2	无锈	110	50	140	8.6
	后	透明	2.1	203	42.33	0.04	26.3	无锈	115	45	150	8.7

续表

检测项目	处理状态	外状	破乳化度（54℃，min）	闪点（开口，℃）	运动黏度（40℃，mm^2/s）	酸值（mgKOH/g）	水分（mg/L）	液相锈蚀（蒸馏水）	泡沫试验			空气释放值（min）
									24℃（mL）	93.5℃（mL）	后24℃（mL）	
4号主机涡轮机油	前	透明	＞60	203	37.86	0.091	39，7	无锈	380	80	370	7.1
	后	透明	1.2	205	37.87	0.05	38.5	无锈	390	55	360	7.5
1号主机A电动给水泵涡轮机油	前	透明	＞60	213	42.19	0.091	24.8	无锈	15	100	230	8.7
	后	透明	1.4	213	42.18	0.04	24.1	无锈	50	30	190	8.5

由表2-8的结果可以看出，油样经吸附剂处理后，破乳化度明显优于新油的国家标准，而且油的酸值也有了较大的改善，而且在处理过程中，不会影响油的其他性能指标。

3. 案例处理

根据实验室油样试验结果，决定选择移动式涡轮机油再生滤油设备对运行油进行在线再生处理。处理后通过添加涡轮机油抗氧化剂，改善油的抗氧化性能，使油的破乳化度一直维持在合格范围内。

4台机组的涡轮机油经再生油处理后，破乳化度均在5min以内，尤其是3、4号主机的破乳化度均小于3min，其余各项指标均达到行业标准的规定。对处理后的油质进行了综合试验分析，结果见表2-9。

表2-9　　1～4号主机涡轮机油油质全分析试验结果

检测项目	外状	破乳化度（54℃，min）	闪点（开口，℃）	运动黏度（40℃，mm^2/s）	酸值（mgKOH/g）	水分（mg/L）	液相锈蚀（蒸馏水）	泡沫试验			空气释放值（min）
								24℃（mL）	93.5℃（mL）	后24℃（mL）	
1号主机涡轮机油	透明	4.0	202.5	44.46	0.086	26.8	无锈	375	50	320	8.3
2号主机涡轮机油	透明	4.5	203	45.08	0.098	24.4	无锈	130	55	210	8.4
3号主机涡轮机油	透明	2.5	201	42.13	0.107	21.2	无锈	110	50	140	8.6
4号主机涡轮机油	透明	2.8	203	39.86	0.091	18.7	无锈	380	80	370	7.1

从表2-9处理结果看出，经过在线处理后，油的颜色显著变浅，破乳化度达到新油标准，并不影响油质的其他性能指标。

三、破乳化异常案例3

1．情况简介

2001年某厂1台200MW机组因涡轮机调速系统出现卡涩而被迫停机，打开机头检查发现几个轴承座油中均有大量灰白色胶状物质，检查主油箱，发现内部有大量乳黄色糊状物。油箱底部取样发现呈3层，上部为涡轮机油，中间是乳胶糊状物，下部是水。检查油净化过滤装置，发现滤网布满了类似的糊状物。随后对涡轮机各个轴承进行揭盖检查，同样发现有许多类似的糊状物附着。据此，初步推断事故由涡轮机油严重乳化后引起。

根据运行记录，本次事故发生前第17天，该机组主油箱油位突然上升了50mm，后从主油箱底部放水，油位下降了7mm，此后第3天滤油时滤出大量水。在事故发生前，机组其他运行情况稳定，油温正常。事故发生后第3天，从主油箱底部又排出了大量的水，排水时间约15min。因此，本次事故的发生可能与油系统进入了大量的水或蒸汽有关。

2．案例分析

该机组于1999年全部换成了32号新油，当时对新油质量进行了取样化验，其结果符合国家标准。之后按照国家对涡轮机油技术监督条例要求进了定期取样化验，每次分析结果均合格。据该厂技术人员反映，该机组轴封性能很好，平时油中水分很少。事故发生后，分别对主油箱和油净化装置底部乳化油样进行了理化分析、元素分析和铁谱分析，结果见表2-10～表2-12。

表2-10　事故后主油箱油质理化分析结果

项目	质量标准（GB/T 7596—2017《电厂运行中矿物涡轮机油质量》）	分析结果
外状	透明	混浊
水分（mg/L）	≤100	5852
开口闪点（℃）	与新油原始测值相比不低于15	210（新油标准：180）
酸值（mg/g）	≤0.3	0.11
运动黏度（40℃，mm^2/s）	与新油原始测值偏离不大于20%	31.9（新油标准：28.8～35.2）
破乳化度（min）	≤60	10
油泥析出	无油泥	有沉淀物析出

表2-11　事故后不同部位油样光谱元素分析结果　单位：mg/L

项目	主油箱	乳化油样	项目	主油箱	乳化油样
Fe	2.64	357.34	V	0.00	0.21

续表

项目	主油箱	乳化油样	项目	主油箱	乳化油样
Cu	1.33	82.50	B	0.13	0.61
Pb	0.22	14.48	Ba	0.07	1.53
Sn	0.47	77.05	K	0.00	50.70
Si	0.90	24.61	Mn	0.09	1.82
Mo	0.05	0.52	Mg	0.01	5.09
Al	1.39	5.87	Cd	0.28	0.40
Ni	0.44	6.59	Ti	0.08	0.38
Na	0.00	15.4	Ca	0.13	20.44
Ag	0.27	0.31	Zn	0.45	15.89
Cr	0.21	2.07	P	0.00	13.57

表 2-12　　铁谱分析结果

磨损颗粒及污染颗粒	主要成分	粒径范围（μm）	颗粒浓度相对数量等级
正常磨损颗粒	钢/铸铁	<10	大量
黏着擦伤颗粒	钢/铸铁	10～20	较多
切削磨损颗粒	未检出		
球状磨损颗粒	未检出		
高温氧化颗粒	黑色氧化物	10～80	大量
高温氧化颗粒	红色氧化物	10～100	大量
有色金属颗粒		10～80	较多
外界污染颗粒	粉尘	10～20	较多

从油分析化验结果可以看出，发生事故后主油箱油中含有大量的水分并有油泥析出，说明事故前油系统进入了较多的水；油乳化层光谱元素分析发现，Fe、Cu、Pb、Sn等磨损金属元素以及K、Na、Si等污染元素含量很高，说明油中进水后，金属间的磨损增加，并且推断油中进入了工业冷却水，因为轴封漏汽带进的水不含K、Na、Si等元素。铁谱分析发现，油乳化层中含有大量红色和黑色氧化物颗粒，说明油中进水后增加了金属的腐蚀。油中有较多的粉尘和砂粒，说明该油还受到其他污染。

事故发生后，取油箱底部水样进行成分分析，发现该水样主要成分与冷油器冷却水水质相同，其中水的硬度为1.0mmoL/L，碱度为1.6mmoL/L，说明该涡轮机油系统进入了冷却水，这与光谱元素分析结果相吻合。

选用涡轮机油破乳化度试验仪器进行试验，结果见表2-13。

表 2-13　　破乳化试验结果

油样名称	水样名称	试验温度（℃）	搅拌时间（min）	试验结果
新油	工业水	64	20	破乳化时间不合格，在油水之间可见较多白色乳胶物
本机运行油	工业水	64	20	破乳化时间合格，在油水之间可见少量白色乳胶物
同类型机油	工业水	64	20	破乳化时间合格，在油水之间可见微量白色乳胶物
新油	工业水	54	5	破乳化时间不合格，在油水之间可见较多白色乳胶物
本机运行油	工业水	54	5	破乳化时间合格，在油水之间可见少量白色乳胶物
同类型机油	工业水	54	5	破乳化时间合格，在油水之间可见微量白色乳胶物
新油	除盐水	64	20	破乳化时间合格，在油水之间未见白色乳胶物
本机运行油	除盐水	64	20	破乳化时间合格，在油水之间未见白色乳胶物
新油	除盐水	54	5	破乳化时间合格，在油水之间未见白色乳胶物
本机运行油	除盐水	54	5	破乳化时间合格，在油水之间未见白色乳胶物

选用同类型另 1 台机组油进行试验，是因为该机组在平时涡轮机轴封经常出现漏汽现象，油中经常带水，而事故机组轴封较好，油中很少带水。选择新油进行试验是因为新油的成分较稳定；选用工业水进行试验是因为在本次事故中，工业冷却水可能通过冷油器漏进了油系统；选择 64℃试验温度是为了模拟事故现场实际运行温度。

从表 2-13 可以明显看出：试验所选的 3 种油样与工业水混合后，在油水分离层之间均出现白色乳胶物，而当采用除盐水试验时，没有产生白色乳胶物。其原因可能是因为 3 种油中的添加剂（如防锈剂和抗氧化剂）与工业冷却水中的杂质发生了化学反应，白色乳胶物的生成量与油中所含添加剂浓度有关。

从以上分析和试验结果可以推断，造成本次事故的直接原因是涡轮机油系统进入了较多的工业冷却水。其造成的不良后果：

（1）涡轮机油严重乳化。

（2）工业冷却水中杂质与油中的添加剂发生化学反应，产生了较多的白色乳胶物。

（3）加速金属的磨损和腐蚀。最终，腐蚀产物与白色乳胶物及工业冷却水中的泥沙混合，形成了乳黄色糊状物，引起涡轮机调速系统卡涩停机。

3. 案例处理

事故发生后，首先打开机头盖、轴承座、冷油器，解体各种油泵和滤油设备等，对整个涡轮机油系统进行人工清洗后用热除盐水进行冲洗，并用少量新油进行循环滤油处理，直至整个涡轮机油系统油质各项指标达到国家标准，最后补充新油至正常油位。

为了防止类似事故的发生，建议采取以下防范措施：

（1）定期对涡轮机油系统冷油器进行水压试验，防止冷油器泄漏。

（2）调整好涡轮机轴封系统，尽量减少轴封漏汽，减少涡轮机油含水量。

（3）加强涡轮机油质监督，一旦发现涡轮机油箱或冷油器底部带水时，应立即进行水成分分析，确定其性质并查找带水原因，采取对策。

（4）加强涡轮机油箱油位的监视，一旦发现油位突然上升，必须立即查找原因，并采取相应措施。

四、破乳化异常案例 4

1．情况简介

某电厂 8 号机组为 DG470/9.71-1 型循环流化床锅炉和 CC125-8.83/4.122/0.196 涡轮机。锅炉为单汽包、自然循环、循环流化床燃烧方式，封闭式布置。涡轮机为具有六段抽汽，高压、单轴、抽汽凝汽式涡轮机，涡轮机本体为两缸两排汽涡轮机。涡轮机润滑系统由油泵、主油箱、润滑油管道和冷油器组成，主机采用 32 号涡轮机油。投运两年后，8 号机主机涡轮机油油质严重恶化，破乳化时间大于 70min，有时甚至都无法分离。同时，涡轮机油黏度明显降低，处于合格标准低限，严重威胁机组安全运行。油质劣化数据如表 2-14 所示。

表 2-14　油质劣化数据

项目	标准	分析数据
外状	透明	浑浊
黏度（40℃，mm^2/s）	28.8～35.2	28.77
闪点（℃）	＞180	197
酸值（mgKOH/g）	≤0.3	0.078
液相锈蚀	无锈	无锈
破乳化（40℃，min）	≤30	＞70
水分（mg/L）	≤100	25.29
颗粒度（NAS1638）	≤8	6

2．案例分析

涡轮机油乳化一般有三个原因：

（1）涡轮机油中存在乳化剂。油中乳化剂包括炼制过程残留的天然乳化物和油质老化时产生的低分子环烷酸皂、胶质等乳化物。

（2）涡轮机油中存在水分。涡轮机组运行中，由于机组的轴封不严、汽封漏汽、润滑油质量差、轴承箱及油箱真空度达不到等诸多因素，导致了涡轮机油系统进水。同时，机组的安装、运行等环节没有达到设备清洁度的要求，存在污物、杂质等也将影响涡轮机油的质量。

（3）在机组运行过程中，涡轮机油、水和乳化剂经过激烈搅拌后，会返回到油箱中，最终形成油水乳化液。

通过对8号机涡轮机油的油质进行分析发现，只有破乳化和黏度不合格，其余项目均在合格范围内，特别是水分都在合格范围，因此排除了水分对油品乳化的影响。又通过逐一排除设备可能存在过热点等隐患后发现破乳化并未有较大改观，因此也排除了设备对油质乳化的影响。那么，唯一造成油品乳化的原因就是油中存在乳化剂。

3. 案例处理

（1）添加破乳化剂。涡轮机油中的乳化剂通常都是表面活性物质，表面活性物质一般都具有极性基团（即亲水基团）和非极性基团（即亲油基团）。乳化剂具有在油水之间形成坚固保护膜的能力，这使得油水交融、难以分离。涡轮机油的乳化往往形成油包水状的乳化液，这是由于水与界面膜之间的张力大于油与界面膜之间的张力，导致水相收缩成水滴均匀地分布在油相中，形成了这种特殊的乳化液。如果在乳化液中加入与乳化剂性能相反的另一类表面活性物质（破乳化剂），它能使水与界面膜之间的张力变小或者油与界面膜之间的张力变大，最终使水与界面膜之间的张力等于油与界面膜间的张力。此时，界面膜受到破坏，水滴开始析聚，最终导致乳化现象消失。通过这种方式，破乳化剂在乳化液中发挥了关键作用，有效地破坏了油水之间的界面膜，从而使得乳化现象得以消除。

（2）过滤处理。添加了化学添加剂后，乳化情况有了很大改善，但距离合格要求还有一定差距，为了尽快将油品质量改善，采用了涡轮机油再生净化装置进行过滤处理。处理后破乳化时间明显得到改善，达到了合格油质的标准。之后发现油品破乳化时间有上升趋势时，及时投入滤油装置进行处理。通过在线过滤处理，油品破乳化时间一直保持合格范围，如表2-15所示。

表2-15 破乳化时间

时间	2007-09-10	2007-09-13	2007-09-14	2007-09-17	2007-09-19	2007-09-21	2007-09-24	2007-09-26	2007-09-28	2007-09-30	2007-09-31
破乳化（40℃，min）	＞70（开始处理）	45	40	30	30	27	23	20	14	8	7

（3）混油处理。由于油品乳化，使得8号机涡轮机油的黏度下降严重，已达不到运行要求，为了改善油品黏度，工作人员还进行了混油处理。通过与46号防锈涡轮机油进行混油试验，来达到改善油品黏度的目的。

原始油样参数如表 2-16 所示。

表 2-16 原始油样参数

项目	46 号防锈涡轮机油（原始油样）	8 号机主油箱涡轮机油
黏度（40℃，m^2/s）	45.94	28.77
闪点（℃）	219	197
酸值（mgKOH/g）	0.126	0.078
水分	无	无
机械杂质	无	无
颜色	黄色	棕黄色
外观	透明	浑浊
破乳化（40℃，min）	4	＞70

要使混合后油样的黏度在 $32mm^2/s$ 附近，确定 46 号防锈涡轮机油和 8 号机主油箱涡轮机油混合比例为 1:4 或 1:3，分别对混合后的油样进行了黏度测定：混合比例为 1:4 时的黏度值为 $31.55m^2/s$（40℃），混合比例为 1:3 时黏度值为 $32.13m^2/s$（40℃），两者均符合要求。接下来，混油老化试验数据如表 2-17 所示。

表 2-17 混油老化试验数据

项目	酸值（mgKOH/g）	油泥析出
46 号防锈涡轮机油	0.065	无
8 号机主油箱涡轮机油	0.092	有
混合比例 1:4	0.081	极少量
混合比例 1:3	0.074	少量

根据 GB/T 14541—2017《电厂用矿物涡轮机油维护管理导则》中关于不同牌号的油混合后油的黏度应在合格范围内，老化后油的质量应不低于未混合油中最差的一种油方可混合使用的原则，混合比例 1:4 或 1:3 均满足要求，但鉴于按 1:4 混合后产生的油泥量少，推荐采用 1:4 的比例。

经过了上述几项处理，8 号机涡轮机油质有了明显改善，8 号机涡轮机油质指标三年内试验结果如表 2-18 所示。

表 2-18 8 号机涡轮机油质指标三年内试验结果

时间	外状	黏度（40℃，mm^2/s）	闪点（℃）	酸值（mgKOH/g）	液相锈蚀	破乳化（40℃，min）	水分（mg/L）	颗粒度（NAS 1638）
2008-12-31	透明	31.75	207	0.013	无	18	11.49	5
2009-06-30	透明	30.50	207	0.013	无	11	13.51	6

续表

时间	外状	黏度（40℃，mm^2/s）	闪点（℃）	酸值（mgKOH/g）	液相锈蚀	破乳化（40℃，min）	水分（mg/L）	颗粒度（NAS 1638）
2009-12-31	透明	30.72	203	0.006	无	21	25.29	6
2010-06-30	透明	30.46	203	0.006	无	16	9.20	7
2010-12-31	透明	30.36	206	0.034	无	7	33.33	7
2011-06-30	透明	30.43	207	0.029	无	15	43.68	8
2011-12-31	透明	30.45	206	0.036	无	20	26.40	8

从试验结果不难看出，油质有了较大程度的改善，完全能够满足运行要求，从处理到现在已经连续运行近多年，收到了良好的效果。

五、破乳化异常案例 5

1. 情况简介

在某电厂 5 号机投产 10 年后，由于多种因素的影响，该机的机油质量开始出现明显的劣化。检验数据表明破乳化度超过国家标准中 60min 的标准，最长达到 70min。因油水分离时间过长，难以保证机组安全运行，电厂计划在大修期间将 5 号机油全部更换。但该机油质只有破乳化度、水分及透明度超标或接近超标，其他指标合格（特别是酸值、pH 值均在合格范围内），如能对其处理后加以利用，既防止油的浪费又节约了资源。

2. 案例分析

小型试验决定添加比例控制在 0.05%～0.1%，不宜添加过多。第一组油样按 0.1%的比例添加，分别取油样 500、1000mL，加入 0.5、1.0mL 的破乳化剂。另取第二组油样分别按 0.05%、0.075%的比例添加，油样体积取 500mL，分别加入 0.25、0.375mL 的破乳化剂。测定油品的破乳化时间、pH 值和油泥析出情况（5 号机劣化油处理试验数据见表 2-19）。同时对油品的运动黏度、闪点、酸值等指标进行测定。

表 2-19 中数据表明第一组样品破乳化时间虽然最短，但乳化物产生较多，油水分离不好。如果应用于现场，大量的乳化物很难处理干净，油水分离不好更是安全生产的重大隐患。第二组样品检测结果表明两种添加量的破乳化时间仅相差 2min，但 0.05%组样品的油泥析出及油水分离情况均好于 0.075%组。考虑应用于生产现场，既要保证破乳化指标提高，又要便于现场处理、确保安全生产，综合多种因素初步确定现场按第二组 0.05%的比例添加。

表 2-19　　5 号机劣化油处理试验数据

样品	破乳化时间	pH 值	油泥析出分析	备注
第一组：按 0.1%的比例添加试验				
加破乳化剂前	27 分 2 秒	5.0	浑浊	

续表

样品	破乳化时间	pH 值	油泥析出分析	备注
500mL 油样加 0.5mL 破乳化剂	3 分 32 秒	5.4	无沉淀	油水分离不清，浑浊有杂质
1000mL 油样加 1.0mL 破乳化剂	2 分 40 秒	5.0	无沉淀	有白色夹层，水层浑浊
第二组：按 0.05%、0.075%的比例添加试验				
加破乳化剂前	19 分 31 秒	5.0	浑油	
0.05%的比例添加 500mL 油样，加 0.25mL 破乳化剂	10 分 27 秒	5.0	有明显沉淀	油水分离较好
0.075%的比例添加 500mL 油样，加 0.375mL 破乳化剂	8 分 24 秒	5.2	无沉淀	油水分离不清，较浑浊

3. 案例处理

利用机组大修期间，对 5 号机油质准确核量，按 0.05%的比例加入破乳化剂后对油品进行连续过滤、循环搅拌，使破乳化剂与油品混合均匀、充分反应，直至油质透明、各项指标取样化验结果合格为止。

经过处理的 5 号涡轮机油，经过多次取样检验，结果均合格，从而为机组大修后的成功启动提供了可靠的油质保证。经过处理的油质指标检验结果显示，破乳化时间仅为 6 分 46 秒。为了慎重起见，工作人员还在启机后 1 个月进行了跟踪检验。数据表明：与加入破乳化剂前的检测数据相比，破乳化时间明显缩短，达到了新油的标准，其他指标均在合格范围内，没有明显变化。之后，经过 1 年的跟踪监测，破乳化时间一直稳定在 13min 左右，在新油验收标准之内。

六、破乳化异常案例 6

1. 情况简介

某电厂 3 号机组容量为 300MW，该机组所用涡轮油新油（简称新油 1）为 32 号涡轮机油，其破乳化度值约为 14min。经过三个月的运行，新油 1 的破乳化度值大于 1h，酸值明显增大，同时大量油泥析出，油质迅速劣化。为了采取相应措施，工作人员对其进行了分析，以查找油质迅速劣化的原因。

2. 案例分析

为了全面了解新油 1 和涡轮机油的油质状况，分别对这两种油进行了油质全分析试验，结果见表 2-20。

由表 2-20 可见：①新油 1 样品的空气释放值不符合标准要求，其他项目符合标准要求。②涡轮机油破乳化度和液相锈蚀不符合标准要求，若含有防锈剂，酸值符合标准要求；若不含防锈剂，酸值不符合标准要求。因其液相锈蚀为重锈，表明该油不含防锈剂，油的酸值升高是因油品自身劣化引起的。破乳化度、液相锈蚀和酸值超标均说明涡轮机油已经严重劣化变质。

表 2-20　　新油 1 与涡轮机油油质分析试验结果

检验项目		新油 1	涡轮机油
外状		透明	透明
运动黏度（40℃，mm^2/s）		31.09	32.66
运动黏度（100℃，mm^2/s）		5.85	
黏度指数		130	
倾点（℃）		−36	
开口闪点（℃）		219	218
机械杂质		无	无
酸值（mgKOH/g）		0.110	0.205
液相锈蚀（蒸馏水）		无锈	重锈
破乳化度（54℃，min）		14.0	＞60
水分（mg/L）		无	108
起泡沫试验（mL）	24℃	0/0	0/0
	93℃	15/0	15/0
	后 24℃	0/0	0/0
空气释放值（50℃，min）		7.8	7.5

对新油 1 进行旋转氧弹试验。旋转氧弹试验是评定油品氧化安定性较为理想的方法。实践证明，旋转氧弹值和运行时间有着密切的关系。新油 1 的氧化安定性较好，旋转氧弹值较高，一般大于 300min，但随着使用时间的增加，涡轮机油的旋转氧弹值会逐渐下降。采用 NB/SH/T 0193《润滑油氧化安定性的测定　旋转氧弹法》试验方法测定新油 1 的旋转氧弹值仅为 25min，远远低于 300min。说明该油的抗氧化性能很差。

新油 1 的红外光谱见图 2-3。同时选择目前较多电厂使用的美孚新油进行红外光谱分析，结果见图 2-4。

（1）由图 2-3 与图 2-4 相比较，新油 1 在波数 1748cm^{-1} 处出现异常峰，且强度较大，说明油中含有有机酯且含量较大。有机酯在润滑油中属不良组分，因酯类在酸或碱和水存在时会发生水解，产生酸和醇。油中的酯逐步水解，将导致油品的酸值增大，颜色加深。增大的酸值又会进一步加速油品的劣化。

（2）涡轮机油中的芳烃是一种天然的抗氧化剂，若涡轮机油中含有芳烃，则在波数 1610cm^{-1} 左右会出现明显的吸收峰。然而，对于新油 1，在波数 1610cm^{-1} 处并未观察到相应的吸收峰，这表明该油品中可能不含芳香烃或其含量极低。另外，新油 1 在波数 3650cm^{-1} 左右无吸收峰，表明其不含 T501 抗氧化剂，这也证明了新油 1 的抗氧化性能很差的结论。

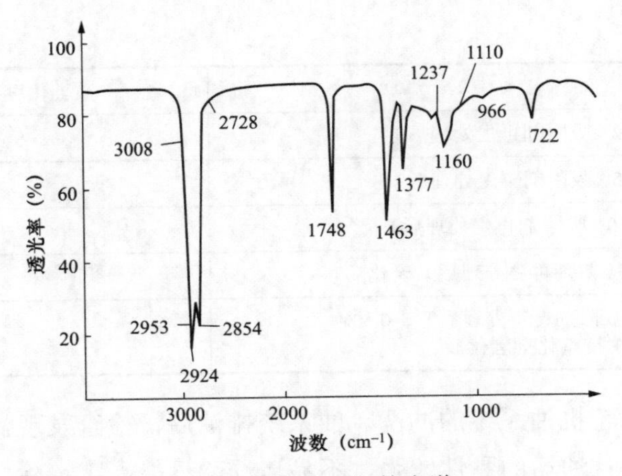

图 2-3 新油 1 红外光谱

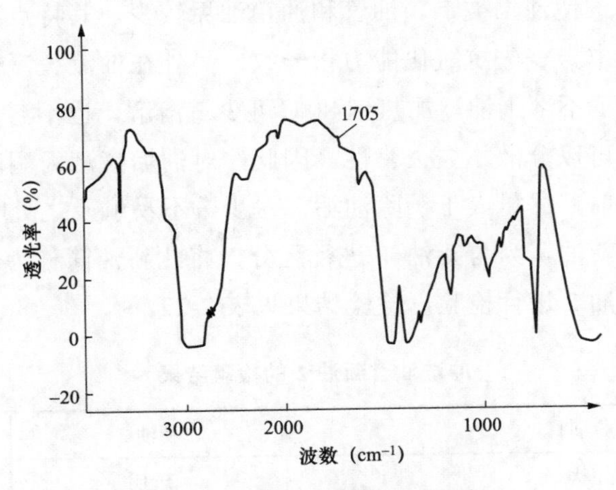

图 2-4 美孚新油红外光谱

综上分析，新油 1 中含有机酯，芳烃含量很少，不含 T501 抗氧化剂，因此油的抗劣化性能较差，且在短时间内破乳化性能和防锈性能变差，酸值增大，发生了严重劣化。

3. 案例处理

（1）再生处理。在实验室对运行油进行再生处理。将强极性硅铝吸附剂加入到 60℃的油中搅拌 1h，硅铝吸附剂加入量分别为油量的 2%、5%、10%，将油与吸附剂的混合物过滤分离后即得到再生油。对各再生油分别进行了破乳化度测试，并对破乳化度测试合格的再生油进行抗氧化剂添加与否的开口杯老化试验，即分别在 115℃的烘箱中对油样做开口杯老化试验，老化 72h 后测试油样的破乳化度，运行油和其再生油的破乳化度测试结果见表 2-21。

表 2-21　　运行油和其再生油的破乳化度测试结果

油样名称	破乳化度（54℃，min）
运行油	＞60

续表

油样名称	破乳化度（54℃，min）
运行油（2%吸附剂再生处理后）	＞60
运行油（5%吸附剂再生处理后）	＞60
运行油（10%吸附剂再生处理后）	10.9
运行油（10%吸附剂再生处理后）老化后	＞60
运行油（10%吸附剂再生处理后）＋0.5% T501 抗氧化剂老化后	＞60

（2）换油及对涡轮机油系统的冲洗。油系统排油后，检查发现涡轮机前轴承箱内部附着有大量的油垢，且油垢的黏性较强，不易清洗，只能人工铲除。涡轮机浮动油挡上有约 10mm 的积炭，致使油挡被卡。油管和油箱油垢较少，其特点是油系统中温度较高处油垢较多，这与油本身丧失抗氧化能力相一致。另外在油流缓慢处杂质析出较多。试验表明，该油垢室温下不溶于油，加热到 80℃可少量溶解，也不溶于酒精、石油醚等常见溶剂，但在丙酮中可以分散，失去黏性。因此，对油垢喷洒丙酮溶剂有利于油垢彻底清理。冲洗油系统之前，尽量人工铲除油垢，对少数不易触及之处喷洒丙酮松散油垢。然后，向油系统注入新油（为与新油 1 进行区分，将此新油简称为新油 2）进行冲洗。冲洗后对冲洗油及新油 2 进行检验，检验结果见表 2-22。

表 2-22　　冲洗油、新油 2 的检验结果

检验项目		新油 2	冲洗油
外状		透明	透明
运动黏度（40℃，mm^2/s）		31.80	31.82
开口闪点（℃）		211	219
机械杂质		无	无
酸值（mg/g）		0.170	0.210
液相锈蚀（蒸馏水）		无锈	无锈
破乳化度（54℃，min）		5，9	8.4
水分（mg/L）		32	26
起泡沫试验（mL）	24℃	20/0	0/0
	93℃	20/0	20/0
	后 24℃	25/0	0/0
空气释放值（50℃，min）		3.7	7.1
旋转氧弹值（min）		552	
油泥			无
开口杯老化试验酸值（mgKOH/g）			0.139

可见，在冲洗油开口杯老化试验中无油泥析出，说明残留的有机酯对注入的新油 2 抗老化性影响已经不大，但油系统中残留油仍然使冲洗油的酸值和破乳化度明显增大，所以决定排出冲洗油，再注入新油 2 投入运行。

新油 2 注入油系统运行 1 周后，运行油（为与之前的运行油进行区分，将此运行油简称为运行油 2）的破乳化度就达到了 70min 以上，因此认为这是残留在系统中的油泥溶解在新油 2 中，使油的破乳化度变差。使用涡轮机油再生设备在运行中进行油处理，1 周后油的破乳化度指标合格。为了综合评价处理后的油质状况，对再生处理后油样进行了油质全分析，运行油 2 再生处理后油质全分析结果见表 2-23。

表 2-23 运行油 2 再生处理后油质全分析结果

检验项目		检验结果
外状		透明
运动黏度（40℃，mm^2/s）		31.47
开口闪点（℃）		211
机械杂质		无
酸值（mgKOH/g）		0.008
液相锈蚀（蒸馏水）		轻锈
破乳化度（54℃，min）		4.2
水分（mg/L）		26
起泡沫试验（mL）	24℃	160/0
	93℃	40/0
	后 24℃	120/0
空气释放值（50℃，min）		4.4
油泥		无

可见，再生处理后，除液相锈蚀指标外，油质指标均符合运行油标准，其中破乳化度为 4.2min，超过了新油水平（15min）。再生处理后，油的液相锈蚀试验结果不合格，说明油中的防锈剂在运行及再生处理过程中有所消耗，可在适当时候补加防锈剂。

3 号机组涡轮机油系统换油并经油再生设备再生后，至今已运行了 2 年多时间，各项性能指标保持正常。

七、破乳化异常案例 7

1. 情况简介

某发电厂 2 号涡轮机为 125MW、超高压、中间再热、双缸双排汽、单轴、冲动凝汽式，采用高中压合缸、对称通流反向布置。涡轮机轴封系统采用高、中、低压轴封进汽与回汽各共用1根母管，各轴封中间没有阀门可以进行调节。调节保安系统和涡轮机各轴承的供油均来自润滑油系统的32L-TSA涡轮机油。

稳定运行7年后，2号机的涡轮机油油质出现变化，油质的破乳化时间出现渐渐增加的现象，2号机涡轮机油油质破乳化指标平均值为36.5min（国家标准为小于60min），其中最高值达到58min，较前一年平均值23.5min增加了13min左右，2号机涡轮机油化验结果见表2-24。该机组涡轮机油破乳化时间较其他3台机组（均小于20min）高出很多。破乳化时间越长，表明涡轮机油油质劣化越严重，油的抗乳化能力越差，越容易发生乳化。一旦发生乳化，将失去润滑、散热和调速的作用，这会造成油系统生锈、腐蚀，轴承润滑时油膜减薄、机组运行将不稳定；同时油动机、危急遮断器等发生卡涩等现象的存在，也将严重影响机组的安全运行。

表2-24　　2号机涡轮机油化验结果

化验时间	定性水分	机械杂质	酸值（mgKOH/g）	运动黏度（mm^2/s）	破乳化时间（min）
1月	无	无	0.13	33.36	32
2月	无	无	0.15	33，21	37
3月	有	无	0.12	28.8	39
4月	无	无	0.13	33.01	37
5月	无	无	0.14	32.6	34
6月	无	无	0.13	32.91	45

2. 案例分析

经过对2号机涡轮机油破乳化时间超标情况的检查分析，发现原因是2号机中压轴封封齿间隙过大，导致轴封蒸汽外漏到2号轴承箱，通过2号轴承箱的油挡进入涡轮机油系统，从而造成润滑油中进水，引发涡轮机油质迅速劣化。

3. 案例处理

为了防止2号主油箱油质进一步劣化，避免造成机组被迫停运，运行人员总结提出了几种运行方式的调整方案，希望通过运行方式的调整达到改善涡轮机油油质的目的。

（1）在维持其他运行条件不变的情况下，将2号主油箱排油烟风机出口门关小到原来的1/4，降低排油烟风机的出力，以减小主油箱和2号轴承箱的负压，从而减少漏入2号轴承箱的蒸汽量，以观察主油箱油质变化情况。在不进行滤油的条件下，机组连续运行了3天后，2号主油箱油质各项指标值见表2-25。从表2-25可见，降低主油箱和轴承箱的负压，可以减少通过2号轴承漏入润滑油系统的蒸汽量，减缓油质的劣化，但是仍然有蒸汽进入润滑油系统，因此调整后破乳化时间比调整前只减少了5min，破乳化时间仍不理想。

表 2-25　　2 号主油箱油质各项指标值

化验时间	定性水分	机械杂质	酸值（mgKOH/g）	运动黏度（mm^2/s）	破乳化时间（min）
进行调整前	无	无	0.14	32.61	45
进行调整后	无	无	0.13	32.9	40

（2）在保持其他运行条件不变的情况下，通过提高 2 号机组轴封加热器的真空度，确保了轴封回汽的通畅。此外，启动了两台射水泵，将轴封回汽压力从原来的－6kPa 降低至－8kPa。在不进行主油箱滤油的情况下，机组连续运行了三天，以观察 2 号主油箱油质的变化情况。2 号机涡轮机油各项指标值见表 2-26。经过对表 2-26 中各项数据的深入分析，发现原先的轴封回汽压力－6kPa 已经能够满足轴封回汽的通畅需求。继续降低轴封回汽压力对于增强轴封回汽的作用并不显著，所以并未起到减少轴封漏汽的效果。此外，涡轮机油的各项指标值在试验前后没有明显的变化。

表 2-26　　2 号机涡轮机油各项指标值

化验时间	定性水分	机械杂质	酸值（mgKOH/g）	运动黏度（mm^2/s）	破乳化时间（min）
进行调整前	无	无	0.12	32.3	39
进行调整后	无	无	0.13	32.5	39

（3）仍维持运行条件不变，在 2 号机中压轴封和 2 号轴承箱之间加一路压缩空气，这样会在 2 号轴承箱油挡处形成一个风幕，将积聚在 2 号轴承箱处的蒸汽吹离，防止蒸汽进入 2 号轴承箱，压缩空气安装位置见图 2-5。在不滤油的条件下，机组连续运行了 3 天以后，加一路压缩空气前后的油质指标值见表 2-27。由表 2-27 可以看出，破乳化时间降低了 12min，在 2 号机中压缸轴封和 2 号轴承箱之间加一路压缩空气后，效果非常明显，可以有效地防止漏出的蒸汽进入润滑油系统造成油质劣化。

表 2-27　　加一路压缩空气前后的油质指标值

化验时间	定性水分	机械杂质	酸值（mgKOH/g）	运动黏度（mm^2/s）	破乳化时间（min）
进行调整前	无	无	0.13	32.6	39
进行调整后	无	无	0.12	32.2	27

在其他条件不变的前提下，降低 2 号机中压轴封的进汽压力，观察 2 号主油箱油质情况。由于 2 号机组轴封系统采用高、中、低压轴封进、回汽共用 1 根母管，中间没有阀门可以进行调节。要降低中压轴封进汽压力，只能降低轴封母管的压力，这样势必会造成低压缸轴封压力下降，引起凝汽器真空下降。根据该类型机组轴封的设计原理，利

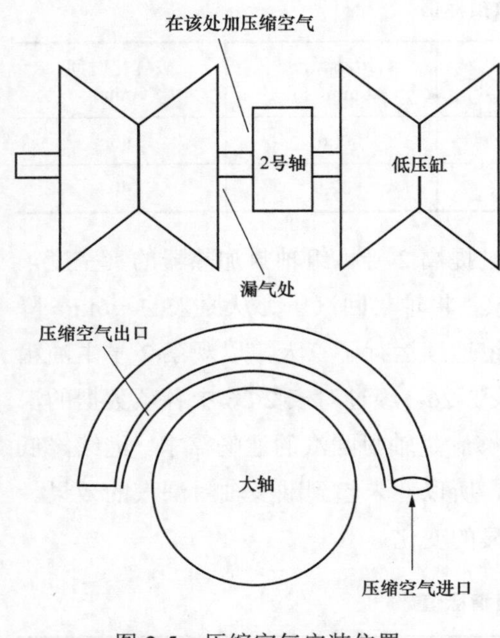

图 2-5　压缩空气安装位置

用调峰停机机会在中压轴封进汽管段另外加装了一阀门进行调节，加装轴封进汽手动门的位置图见图 2-6，由于当机组荷高于 100MW 时，中压缸漏出的蒸汽压力大于轴封供汽压力。因此该类型机组只能在负荷低于 90MW 时，可以通过该门降低中压轴封进汽压力，同时又不会影响高压轴封和低压轴封的进汽压力，这样减少了在低负荷时中压轴封向外界的漏汽量，减少了主油箱中的进水量，从而可以使油的破乳化时间大幅减少。利用机组调峰期间机组连续低负荷运行了 24h，以观察 2 号主油箱油质变化情况，调整中压缸轴封进汽压力前后的油质指标值见表 2-28。可以看出，通过该手动门调整进汽压力后，破乳化时间指标得到了有效改善，且该指标一直稳定，因此在 2 号机中压缸轴封进汽管路上加装手动门进行调整，可以减少在低负荷时中压缸轴封漏出蒸汽量，减少漏入润滑油系统的蒸汽量。

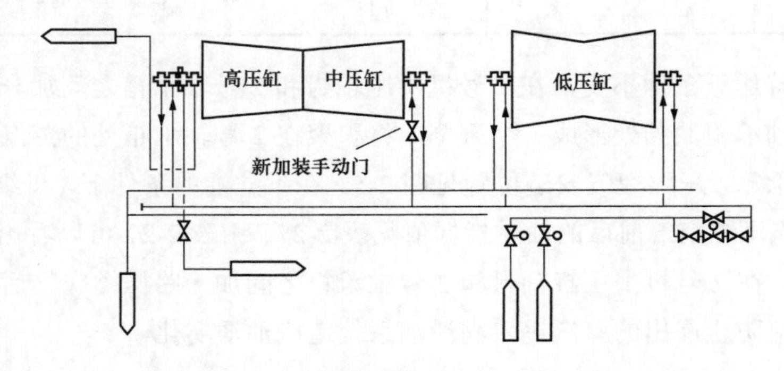

图 2-6　加装轴封进汽手动门的位置图

表 2-28　　调整中压缸轴封进汽压力前后的油质指标值

化验时间	定性水分	机械杂质	酸值 (mgKOH/g)	运动黏度 (mm^2/s)	破乳化时间 (min)
进行调整前	无	无	0.14	32.3	37
进行调整后	无	无	0.13	32.2	23

八、破乳化异常案例 8

1. 情况简介

某水电站装设有 8 台大型水轮机组，使用的都是美孚 DTE EXCEL 46 号涡轮机油。

根据 GB/T 7596—2017《电厂运行中矿物涡轮机油质量》的要求，运行中涡轮机油破乳化度应小于 30min。2016 年上半年在进行定期油质分析试验时发现，全厂 8 台机组 32 个部位的涡轮机油，破乳化时间大部分都在 25min 以上，个别接近 30min，水分、洁净度指标均正常。机组涡轮机油破乳化度试验数据见表 2-29。从表 2-29 可以看出，全电站 32 个部位的油样中，破乳化度小于 25min 的有 18 个，破乳化度大于等于 25min 的有 14 个，其中有 3 个部位油样的破乳化度在 30min 以上，超过运行中涡轮机油质量指标。

表 2-29　　机组涡轮机油破乳化度试验数据

部位		水分（mg/L）	洁净度等级（NAS）	破乳化度（min）
1 号机组	上导	14.6	7	21
	水导	24.3	6	27
	推导	23.9	7	26
	集油槽	27.4	5	32
2 号机组	上导	13.9	6	22
	水导	24.1	7	25
	推导	24.5	8	24
	集油槽	23.5	4	24
3 号机组	上导	14.2	5	21
	水导	32.7	7	23
	推导	29.3	7	23
	集油槽	28.5	4	24
4 号机组	上导	25.3	6	25
	水导	33.4	7	27
	推导	34.7	8	24
	集油槽	33.0	6	27
5 号机组	上导	15.2	6	27
	水导	25.9	7	26
	推导	25.2	6	26
	集油槽	23.1	6	35
6 号机组	上导	25.0	5	24
	水导	32.0	7	31
	推导	34.5	6	28
	集油槽	33.5	5	29

续表

部位		水分（mg/L）	洁净度等级（NAS）	破乳化度（min）
7 号机组	上导	16.0	4	24
	水导	29.6	6	22
	推导	23.9	5	21
	集油槽	27.3	5	23
8 号机组	上导	17.9	7	19
	水导	21.1	6	21
	推导	21.4	6	22
	集油槽	23.1	5	24

2. 案例分析

新油到货时，出厂报告中破乳化度为 5min，验收试验中破乳化度为 8min，新油破乳化性能合格，因此排除新油生产过程中的原因。

从表 2-29 中的试验数据中可以看出，所有机组的涡轮机油含水量都很小（在 30mg/L 左右），洁净度指标也比较好（都在 8 级以内），油品整体性能比较优良。因此，涡轮机油因运行老化而产生油泥以及吸附剂被铁锈及其他机械杂质吸附减少的可能性可以排除。

通过以上分析，初步判断可能是机组安装期间，设备管路清洗不彻底，导致运行中涡轮机油中侵入了外界的极少量的表面活性物质，或涡轮机油在运行过程中产生表面活性物质，使得运行中涡轮机油破乳化度下降，直至指标不合格。

对破乳化度超标的涡轮机油的处理一般有 2 种方法：一是换新油；二是对现有的劣化油进行处理。全部更换几十吨新油成本太高，况且根据前期的试验结果，1 号机组集油槽、5 号机组集油槽和 6 号机组水导涡轮机油除破乳化度超标外，洁净度和水分指标都比较好，油品没有老化迹象。因此计划在机组中排出少量运行油，添加等量新油进行置换，置换后取混油进行破乳化度试验，以检验破乳化度改善情况。

3. 案例处理

为了确定新油与运行油的置换比例（即不同比例的新油与运行油混合后对破乳化度的影响），先用少量涡轮机油进行实验室试验。

第 1 步，准备 500mL 机组运行油和 500mL 新油，其中运行油破乳化度不合格，时间为 31min；新油破乳化度时间为 9min。

第 2 步，分别量取 20mL 新油和 80mL 运行油、40mL 新油和 60mL 运行油、60mL 新油和 40mL 运行油、80mL 新油和 20mL 运行油，将每组新油和运行油混合后得到 4 个混合油样，新油分别占 20%、40%、60%、80%的体积分数。按照 GB/T 7605《运行中汽轮机油破乳化度测定法》分别测试各个混合油样的破乳化度，试验数据见表 2-30。

表 2-30　　混油破乳化度试验数据

样品编号	100mL 混油		破乳化度（min）
	新油（mL）	运行油（mL）	
样品①	0	100	31（30min 时，油层 40mL，水层 34mL，乳化层 7mL）
样品②	20	80	23
样品③	40	60	19
样品④	60	40	14
样品⑤	80	20	11
样品⑥	100	0	9

从表中数据可以看出，即使置换入少量的新油（20%的体积分数），混油的破乳化性能也有很大的提高，破乳化度从 31min 缩短到 23min，随着新油置换比例的增加，破乳化度性能不断改善。因此等量新油置换的方法可以解决该电站破乳化性能劣化的问题。

根据实验室混油试验结果，在 2016～2017 年岁修期间，对现场破乳化度超标的 1 号机组集油槽、5 号机组集油槽及 6 号机组水导涡轮机油进行处理，用 20%的新油进行等量置换，置换一个月后取样试验，三个部位的涡轮机油破乳化度在 25min 左右，具体数据见表 2-31。

表 2-31　　20%的新油置换后破乳化度试验数据

部位	破乳化度（min）	
	置换前	置换后
1 号机组集油槽	32	26
5 号机组集油槽	35	25
6 号机组水导	31	25

进行等量新油置换处理后，跟踪油质数据显示，运行油的破乳化性能明显提高，并且稳定无再次劣化现象，对其他理化性能也无不良影响。本次处理取得了非常好的效果，延长了油品的使用寿命，降低了设备维护成本。

九、破乳化异常案例 9

1. 情况简介

某电厂工作人员在日常巡检中发现，12 号涡轮机油油品出现乳化现象，呈现出不透明的状态，同时油中含有的乳状水量较大。然而，此时的油品破乳化度仍然满足标准要求，并且接近新油的标准。

经过一个月的持续跟踪和分析，工作人员发现破乳化时间超过了标准。虽然经过昼夜不停地滤油处理，油中的乳状水分基本被滤除，油品也基本呈现透明状态；但是油质已经劣化，使得油品的破乳化时间超出了标准。

随后，于次年1月24日进行了破乳化剂的添加，并取得了良好的效果，经过检测，结果符合规定标准。然而，涡轮机由于故障静置长达三个月后，油品的破乳化时间再次超过标准。因此，于5月18日再次添加了破乳化剂。

第三年2月，工作人员再次发现7、10号机涡轮机油破乳化时间超标，分别是105、89min，其他指标均在合格范围内，且油品外状透明，无乳状水，进行水分含量测定发现油品的水分含量也不大。同年5月的油质全分析时发现9号机涡轮机油也发生了同样的问题。

2. 案例分析

12号机油品发生乳化的主要原因是油系统中进入了大量水分，导致油品发生乳化；同时，油箱设计容积过小，油的循环倍速过高，使得油品没有足够的时间进行沉降；此外，前期加入的新油破乳化时间本身就不合格，仅为20min。这三种因素同时存在，使得油品在较短的时间内发生了乳化。经过近三个月的静置后，油品的破乳化时间再次超标，而且油中有大量的黑色油泥析出。经过长期静置，油质发生了分解，并出现了水分沉淀的情况。此外，由于冷油器存在泄漏情况，这些不利因素可能使最初加入的破乳剂（一种表面活性剂）转变为起相反作用的乳化剂。在设备启动后，这可能导致油品再次发生乳化现象。这种乳化现象表现为破乳化时间不合格，油质不透明，油中含有大量的乳状水。

7、9、10号机的涡轮机油品乳化的主要原因在于长期运行过程中，存在局部过热、漏水、漏汽、外界空气和尘埃的漏入等因素，这些因素导致了涡轮机油的抗氧剂、防锈剂的损失，从而加速了涡轮机油的老化。老化后产生的环烷酸皂、胶质等老化产物均属乳化剂，而在运行中的涡轮机油基本处于湍流状态，这使得运行油品的破乳化时间超标。这种现象表现为破乳化时间不合格；但油质透明，水分含量不大。

3. 案例处理

处理的方法有两种：一是换油；二是对现有的油品进行处理。如果全部更换新油，成本太高，而且油品除破乳化度外其他指标均合格，因此决定采用添加破乳剂的方法处理油品。

破乳剂用于改善油品破乳化性能的机理是：在乳化涡轮机油中，添加与形成乳化涡轮机油类型（W/O型）相反的表面活性物质（破乳剂），以替代已富集在油水界面膜上的表面活性物质（乳化剂）。这样，界面膜受到破坏，膜内包裹的水滴相互凝结并沉降到底部，从而实现油水分离，达到破乳的目的。

由于没有成熟的经验可以借鉴，考虑到破乳化剂可能对其他指标产生不良影响，小型试验的添加比例确定在0.5～0.8g/L，每组均多次做平行试验。

为确保试验结果能够应用于现场添加，减少试验误差，实验室的小型试验按照与日常监督相同的取样、试验方法进行，并模仿现场油品的实际运行温度（12 号机为 60℃，7、9、10 号机为 40℃）进行添加试验。

小型试验结果如表 2-32 所示，适量添加破乳化剂后，能明显地提高油品的破乳化性能，并对其他理化性能无不良影响，且无任何沉淀物析出。通过小型试验确定的最佳添加剂量如表 2-33。

表 2-32　　小型试验结果

添加剂量（g/L）		0.3	0.4	0.5	0.6	0.7	0.8
破乳化度（min）	7 号机		37	25	20	12	
	9 号机		26	23	15		
	10 号机	41	20	12	8		
	12 号机			13	7.5	8	15

表 2-33　　最佳添加剂量

机组	7 号机	9 号机	10 号机	12 号机
总油量（m^3）	4.3	8	8	8
添加量（kg）	3.2	5	4.5	5

从 12 号机油品乳化现象发生到添加破乳剂开始，至 7、9、10 号机油品乳化及处理，化验室一直对添加破乳剂的机组油品进行跟踪监测，分析结果表明添加破乳剂后涡轮机油的破乳化性能有很大改善，至今未发现有油质再次劣化的迹象。添加破乳剂前后油品的化验数据见表 2-34。

表 2-34　　添加破乳剂前后油品的化验数据

添加情况	添加前				添加后			
机组	7 号机	9 号机	10 号机	12 号机	7 号机	9 号机	10 号机	12 号机
闪点（℃）	198	208	197	229	207	206	208	236
酸值（mgKOH/mg）	0.081	0.096	0.117	0.123	0.085	0.096	0.096	0.099
破乳化度（min）	105	73	89	>180	6	7	11	7
黏度（mm^2/s）	46.16	47.16	46.04	44.13	45.89	46.72	46.21	43.85

十、破乳化异常案例 10

1. 情况简介

某电厂为 2×300MW 机组，其涡轮机是亚临界中间再热两缸排汽凝汽式涡轮机。转速为 3000r/min，所使用的涡轮机油为 32 号涡轮机油。运行过程中油系统冷油器油温为 40℃左右，涡轮机第 2 轴承温度为 90℃左右，涡轮机油中水分、杂质均为无。

机组投产 7 个月后，发现破乳化度迅速大于 60min，当时进行了换油处理。同年 1 月，五期工程机组投产。运行了半年后，所使用的同一牌号涡轮机油也出现了破乳化度不合格（大于 60min）现象，经取样化验，发现该油防锈性能也不合格（液相锈蚀试验为重锈，此项目在油注入设备前未进行化验）。将该油换成同一厂家、同样牌号的涡轮机油，涡轮机运行半年后也出现同样的问题。后经在线再生处理，破乳化度能够合格，但不能维持。运行半个月时间又出现不合格情况，加入“746”防锈剂后，防锈性能有所好转。但仍然存在破乳化度和液相锈蚀试验不合格问题，严重威胁着机组的安全运行。

2. 案例分析

油质劣化指标检测结果如表 2-35 所示。从以上指标可以看出，该油不合格的检测项目主要是破乳化度和液相锈蚀检测。经过现场处理，破乳化度可以采用再生处理方式达到新油标准；但持续时间不长，用不到一个月时间就会超 60min。由于涡轮机油中没有水分和杂质，并且运行油温在正常范围，涡轮机第 2 轴承经过保温，温度也能控制在 90℃左右。从以上情况分析认为，造成油品破乳化度不合格的原因是油品精制深度达不到涡轮机组使用要求和油中没有添加防锈剂，即油品的化学组成是造成该油油质劣化的主要原因。因此，应从提高油品抗氧化和防锈蚀性能入手，解决油质不合格状况。

表 2-35　　油质劣化指标检测结果

序号	检测项目	检测结果
1	运动黏度（40℃，mm^2/s）	30.71
2	酸值（mgKOH/g）	0.004
3	破乳化度（min）	大于 60
4	水分（%）	无
5	杂质	无
6	液相锈蚀（蒸馏水）	重锈

3. 案例处理

投用滤油装置，使油品保持清洁；再将油品进行再生，使油的破乳化度再生到最小值。针对油品存在的问题，采取加入复合添加剂的办法，用“746”防锈剂对涡轮机油进行了小型试验，添加“746”防锈剂前后油质对比如表 2-36 所示。根据小型试验结果按 0.028%的量进行了添加。

表 2-36　　添加“746”防锈剂前后油质对比

防锈剂添加情况	加防锈剂前	加防锈剂后
外状	透明	透明
闪点（开口，℃）	208	204

续表

防锈剂添加情况	加防锈剂前	加防锈剂后
运动黏度（40℃，mm^2/s）	30.88	31.46
水分（%）	无	无
杂质	无	无
酸值（mgKOH/g）	0.008	0.057
液相锈蚀	重锈	无锈
破乳化度（min）	4.4	9.4

经再生和加入防锈剂处理后的涡轮机油，虽然酸值增长到加防锈剂前的 7.1 倍，破乳化度增长到防锈剂前的 2.1 倍，但酸值和破乳化度均达到了新油标准，液相锈蚀试验从重锈变成了无锈，使得该油的各项指标都满足了新油标准（GB 11120—2011《涡轮机油》）。目前机组已连续运行数月时间，其涡轮机油的各项指标仍保持稳定，破乳化度快速增长的现象得到了控制。液相锈蚀试验一直维持在无锈状态，其他指标也都合格，油品没有劣化趋势，从而提高了油品的防锈性能，解决了油品破乳化度不合格问题。

经济效益分析：一是使用该方法成本较低且简单易行。对机组安全、稳定和满负荷经济运行发挥了重要作用。二是避免了换油和停机带来的较大经济损失。三是减少了涡轮机油的维护工作。

十一、破乳化异常案例 11

1. 情况简介

某电厂 1、2 号涡轮机油的破乳化度一直保持稳定，但近期突然出现反复超过 GB/T 7596—2017《电厂运行中矿物涡轮机油质量》规定 60min 的异常情况。具体表现为油水分离时间过长，这种情况可能会对机组的安全运行产生不利影响。

2. 案例分析

水分、乳化剂的存在和激烈搅拌是产生乳化的主要原因。

运行中涡轮机油系统进水；机组的安装、运行等环节没有达到设备清洁度要求，存在污物、杂质等都将促使涡轮机乳化。

涡轮机油中添加的抗氧剂和防锈剂大都是具有一定表面活性的化合物或混合物，这些物质的分子结构中，一端具有如链烃-R 亲油性的非极性基团，另一端具有一定表面活性的亲水性能极性基团（如-OH、-COOH、-SO_2OH 等）。当涡轮机高速旋转时，油和水充分搅拌呈乳浊液时，这些亲水的极性基团有了与水充分亲和的机会。当亲合力很大时，就会与水牢牢地结合在一起。又因为亲油性的非极性基团溶于油中，从而通过这种物质的作用使水和油结合起来。这时水就不能与油分离，即产生乳化现象。

在乳化涡轮机油中，通过加入与形成乳化涡轮机油类型（W/O 型）相反的表面活性物质（添加剂），替代已富集在油水界面膜上的表面活性物质（乳化剂），使界面膜被破坏，将膜内包裹的水释出，水滴相互凝结沉降到底部，使油水分离达到破乳目的。

为确保试验结果能够应用于现场添加，更进一步探讨最佳添加工艺条件，小型试验按日常监督取样、试验方法进行。在一定的搅拌时间（30min），参考油品实际运行温度（35～45℃），考虑不同添加浓度进行添加试验。小型试验证实：适量添加添加剂后，能明显地提高油品的破乳化性能，并对其他理化性能无不良影响，且通过 72h 老化试验后无任何沉淀物析出，可以进行工业添加，并得出最佳添加量、搅拌时间、添加温度。

3. 案例处理

运行中处理劣化油需谨慎操作，需根据现场实际情况制定添加方案，并严格按照添加方案进行操作，以保证添加效果。利用机组大修期间，对油采取旁路滤油处理，滤油至油质合格。处理时确保油循环效果，确保油管路系统正常，滤油过程中控制滤油速度，纸质滤芯串联在真空滤油机前。对油量进行核实，计算出最佳添加量。为了使得添加剂添加量更加接近小型试验值，特用 50kg 桶进行添加剂的稀释溶解。将稀释溶液缓慢加入运行的 1、2 号机油系统中，循环搅拌，使添加剂与油品混合均匀、充分反应。添加后 3h，进行 1、2 号机排水，此后，每 2h 取样一次，进行油质水分、破乳化试验。6h 后，两台机破乳化试验合格，进行油质全分析试验。静置 12h，对系统进行排水，并对 1、2 号机添加剂处理后油质进行取样。

处理后的 1、2 号涡轮机油油质检验合格，涡轮机油添加处理前、后油质分析结果见表 2-37。数据表明：与加入破乳化剂前检测数据对比，破乳化时间明显缩短，其他指标均在合格范围内，与加入试剂前没有明显改变。

表 2-37　　涡轮机油添加处理前、后油质分析结果

项目	1 号机		2 号机	
	添加处理前	添加处理后	添加处理前	添加处理后
外状（目测）	橙黄、透明	橙黄、透明	橙红、透明	橙红、透明
微量水分（mg/L）	43.2	31.6	23.5	16.8
机械杂质（目测）	无	无	无	无
酸值（mgKOH/g）	0.125	0.113	0.120	0.117
运动黏度（40℃，mm^2/s）	45.54	45.47	45.32	45.47
破乳化度（54℃，min）	70.4	22.4	102.5	7.4
闪点（开口，℃）	226	224	233	231

为确保添加效果，进行添加后三个月、一年的油质跟踪检验，涡轮机油跟踪分析，涡轮机油跟踪分析、对比见表 2-38。

表 2-38　　涡轮机油跟踪分析、对比

项目	1 号机		2 号机	
	三个月后	一年后	三个月后	一年后
外状（目测）	橙红、透明	酒红、透明	橙红、透明	橙红、透明
微量水分（mg/L）	47.5	42.1	18.4	27.1
机械杂质（目测）	无	无	无	无
酸值（mgKOH/g）	0.099	0.061	0.115	0.063
运动黏度（40℃，mm^2/s）	45.49	46.03	45.50	45.70
破乳化度（54℃，min）	12.49	11.63	6.53	10.62
闪点（开口，℃）	230	225	230	225

进行联合处理后，跟踪油质数据显示，油品的抗乳化性能明显提高，对其他理化性能无不良影响，油品的抗氧化能力也得到了提高。

十二、破乳化异常案例 12

1. 情况简介

该电厂 1 号和 2 号机组容量均为 300MW，涡轮机使用的是 32 号防锈涡轮机油。在投运半年后的润滑油油质定期监督化验中，对 1 号和 2 号机组所用的油进行了破乳化度试验，条件为同体积油水水浴温度（54±1）℃。然而，试验结果表明油水无法分离。

2. 案例分析

为了全面了解涡轮机用油的油质状况，按照 GB/T 14541—2017《电厂用矿物涡轮机油维护管理导则》对 1、2 号机组用油做了全分析试验，油质全分析试验结果见表 2-39。

表 2-39　　油质全分析试验结果

检验项目	检验结果		标准指标
	1 号机组	2 号机组	
外状	透明	透明	透明
运动黏度（40℃，mm^2/s）	30.86	31.26	与新油原始测值偏离：≤±10%
开口闪点（℃）	198	199	与新油原始测值相比：≥15
酸值（mgKOH/g）	0.116	0.130	≤0.2（未加防锈剂油）；≤0.3（加防锈剂油）
液相锈蚀（蒸馏水）	轻锈	轻锈	无锈
破乳化度（54℃，min）	36.5	31.8	≤30
水的质量浓度（mg/L）	15.4	14.3	≤80（氢冷机组）；≤150（非氢冷机组）

续表

检验项目		检验结果		标准指标
		1号机组	2号机组	
起泡沫量（mL）	起始阶段（24℃）	145/5	180/5	≤500，10（200MW及以上）
	发展阶段（93℃）	50/0	40/0	
	稳定阶段（24℃）	130/0	150/0	
空气释放值（50℃，min）		3.1	4.7	≤10（200MW及以上）

从表2-39的测试结果可以看出：两台机组的涡轮机用油除破乳化度超标及液相锈蚀为轻锈外，其他指标均符合标准要求。说明只要采取有效措施，解决了该油存在的破乳化度超标和锈蚀问题，该油可以继续使用。

针对油质全分析结果，在实验室对油样进行小型吸附再生处理。处理方法：分别将2%、5%吸附剂加入加热到60℃的油中搅拌40min，使吸附剂与油充分接触，以便使油完全吸附到吸附剂上；将油与吸附剂的混合物过滤分离后，测定油的破乳化度。再生前、后油的破乳化度对比见表2-40。

表2-40　　再生前、后油的破乳化度对比　　单位：min

1号机组用油破乳化度（54℃）			2号机组用油破乳化度（54℃）		
原油	2%吸附剂处理后	5%吸附剂处理后	原油	2%吸附剂处理后	5%吸附剂处理后
36.5	2.2	1.3	31.8	2.2	0.7

由表2-40可以看出：两台机组的涡轮机用油经不同浓度吸附剂再生处理后，破乳化度均处于合格范围之内，且明显优于新油标准。

为了了解吸附再生处理对油品其他指标的影响，又对2%吸附剂处理后的再生油进行了全分析试验，2%吸附剂再生处理前、后油质全分析结果见表2-41。再生处理前、后油质外观见图2-7。

表2-41　　2%吸附剂再生处理前、后油质全分析结果

检验项目	1号机组用油		2号机组用油	
	再生前	再生后	再生前	再生后
运动黏度（40℃，mm^2/s）	30.86	31.28	31.26	31.18
开口闪点（℃）	198	203	199	203
酸值（mgKOH/g）	0.116	0.032	0.130	0.026
液相锈蚀（蒸馏水）	轻锈	中锈	轻锈	中锈
水的质量浓度（mg/L）	15.4	10.6	14.3	9.8
起泡沫量起始阶段（24℃，mL）	145/5	60/0	180/5	125/0
起泡沫量发展阶段（93℃，mL）	50/0	20/0	40/0	25/0

续表

检验项目	1号机组用油		2号机组用油	
	再生前	再生后	再生前	再生后
起泡沫量稳定阶段（24℃，mL）	130/0	35/0	150/0	80/0
空气释放值（50℃，min）	3.1	3.4	4.7	3.1

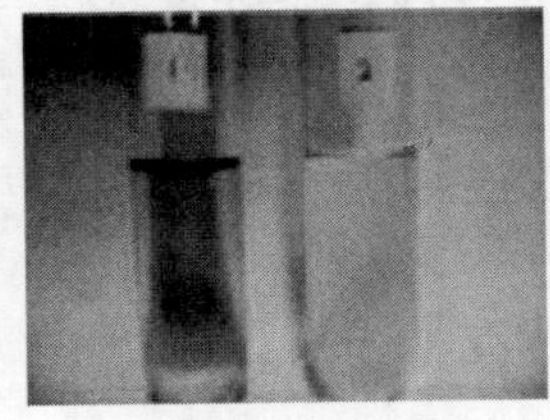
原始油样 再生油样

(a) 1号机

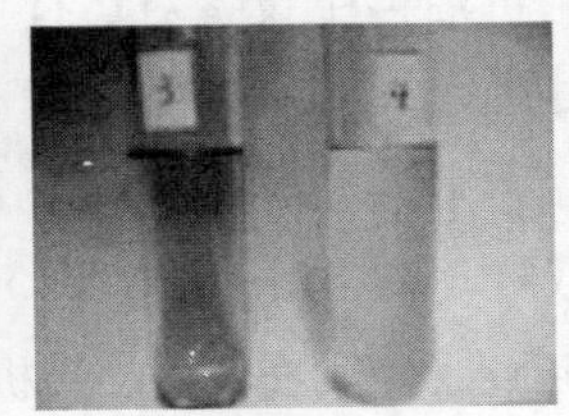
原始油样 再生油样

(b) 2号机

图 2-7 再生处理前、后油质外观

由表 2-41 和图 2-7 可以看出：吸附处理后油的颜色明显变浅，酸值、闪点、水分含量和起泡沫含量等指标均有不同程度的改善。处理过程不会影响油的外状和黏度，但其液相锈蚀试验结果由轻锈变为中锈，可能是吸附剂将油品中的部分防锈剂吸附，造成油品防锈性能降低，因此有必要向吸附再生处理后的油品中添加防锈剂。

通过吸附再生处理可使该油的破乳化度优于新油标准，但在机组运行中该油的破乳化度能否保持稳定有待试验确定。为此，对原油和再生油进行了开口杯老化试验，试验前、后结果见表 2-42。

表 2-42　　开口杯老化试验前、后结果

机组	油样	破乳化度（54℃，min）	
		老化前	老化后
1号	原油	36.5	56.6
	2%吸附剂处理后	2.2	25.1
	2%吸附剂处理后＋T501	—	18.5
	5%吸附剂处理后	1.3	7.1
	5%吸附剂处理后＋T501	—	1.5
2号	原油	31.8	45.8
	2%吸附剂处理后	2.2	19.6
	2%吸附剂处理后＋T501	—	11.1
	5%吸附剂处理后	0.7	6.4
	5%吸附剂处理后＋T501	—	1.1

从老化试验结果可以看出：尽管吸附再生处理油经开口杯老化后，破乳化度又有所反弹，其中 2%吸附剂处理后的油反弹至 20min 左右，说明油的氧化性能较差。对再生油添加 0.5%T501 抗氧化剂后，采取强制老化措施进行老化试验，老化后油的破乳化度仍然保持在良好的水平，达到新油标准。

3. 案例处理

在现场使用涡轮机油再生设备对运行油进行在线再生处理。1 号机组涡轮机油进行了 2 周时间的再生处理，其间更换再生滤芯 8 次。处理完成后从油箱底部取样，破乳化度已经降为 2.7min。之后开始再生处理 2 号机涡轮机油，其间更换再生滤芯 7 次。处理完成后从油箱底部取样，破乳化度降为 3.8min。

待破乳化度稳定后，分别在 1、2 号机组运行油中加入了 0.5%的抗氧化剂和 0.03%的防锈剂，并跟踪观察破乳化度变化。1、2 号机组涡轮机用油破乳化度均稳定在 2～4min，说明进行降破乳化度技术处理后，运行油的破乳化度得到明显改善，且超过了新油水平（15min）。

再对 1、2 号机组涡轮机用油进行全分析试验，现场再生处理后油质全分析结果见表 2-43。由表 2-43 可以看出：经过再生处理后，1、2 号机组涡轮机用油的破乳化度相较于新油水平更优，同时油的酸值等指标也得到了改善。这些数据表明，现场对涡轮机用油的再生处理取得了理想的结果。

表 2-43　　现场再生处理后油质全分析结果

检验项目	1 号机组		2 号机组	
	再生后	加再生剂后	再生后	加再生剂后
外状	透明	透明	透明	透明
运动黏度（40℃，mm^2/s）	31.31	31.27	31.32	31.20
开口闪点（℃）	201	204	210	211
酸值（mgKOH/g）	0.045	0.047	0.025	0.027
液相锈蚀（蒸馏水）	中锈	无锈	中锈	无锈
破乳化度（54℃，min）	2.7	3.3	4.2	3.6
水的质量浓度（mg/L）	12.6	50.9	7.8	10.0
起泡沫量起始阶段（24℃，mL）	200/5	200/0	150/5	200/0
起泡沫量发展阶段（93℃，mL）	35/0	45/0	40/0	40/0
起泡沫量稳定阶段（24℃，mL）	90/0	170/0	140/0	150/0
空气释放值（50℃，min）	2.5	5.2	2.6	2.8

十三、破乳化异常案例 13

1. 情况简介

2016 年 11 月 19 日，某火电厂油化验分析时，发现 1 号机主机涡轮机油破乳化时间超标准，颗粒度超标准，其他指标均在合格范围内。主要指标数据见表 2-44。

表 2-44　　主要指标数据

时间	2016-11-19
颜色	棕红色
外观	透明
运动黏度（40℃，mm^2/s）	33.35
开口闪点（℃）	233.8
机械杂质	有
酸值（mgKOH/g）	0.129
液相锈蚀	无锈
破乳化度（min）	48.75
水分（mg/L）	38
颗粒度（NAS1638）	11

2. 案例分析

针对破乳化时间超标问题，工作人员调出近一年两台机组涡轮机主机油试验数据，通过对比初步判断此次破乳化度超标的主要原因是涡轮机主机油长期带水运行。

2015 年 10 月，1 号机组启动并网时，因人员误操作，造成主机润滑油供油中断，导致涡轮机断油烧瓦。一周后机组重启，检查发现 1 号机组涡轮机主机油不透明，油中含有大量乳状水和杂质，但此时油的破乳化度合格，并接近新油标准。针对存在的问题，采用板式滤油机滤油，同时化学监督人员进行跟踪试验，油品破乳化超标前水分变化见表 2-45。

表 2-45　　油品破乳化超标前水分变化

序号	时间	颜色	外观	机械杂质	水分（mg/L）	颗粒度（NAS1638）
1	2015-10-28	棕红色	不透明	有	837	12
2	2015-11-05	棕红色	半透明	无	114	9
3	2015-11-12	棕红色	不透明	无	136	9
4	2015-11-19	棕红色	不透明	无	189	9
5	2015-11-25	棕红色	不透明	有	1264	12
6	2015-12-03	棕红色	不透明	无	233	9
7	2015-12-10	棕红色	半透明	无	89	8
8	2015-12-16	棕红色	透明	无	22	8

鉴于机组因断油烧瓦事故后仅采取了紧急抢修措施，并启动并网，但未对涡轮机的磨损汽封进行修复，导致前汽封严重泄漏，使得涡轮机主机油中混入了大量水分。在近两个月的运行中，主机油中的水分含量逐渐趋于合格，其间破乳化度一直保持合格状态。

由于人员经验不足，汽封泄漏对油品影响未引起相关人员的高度重视，加之选用的滤油设备针对性不强，未能及时滤净油中水分。水分的存在加速了油质老化，同时与油中添加剂作用，使其含量超过水在油中的溶解度，导致油中破乳化性能劣化。

3. 案例处理

如果任由油质继续劣化，将严重影响机组安全运行，极易发生轴瓦磨损等不安全事件。但由于当时电网负荷较重，机组不能停下来彻底消除汽封漏气，经专业人员讨论，最终采取以下措施解决问题：

（1）缩短化学监督周期。为了及时掌握油质变化趋势，避免引起更严重的劣化，试验人员缩短了监测周期。水分和颗粒污染等级监测由过去三个月一次缩短为每周至少一次，破乳化度监测由六个月一次缩短为每月两次，必要时进行全分析试验。

（2）有针对性滤油。根据化学试验数据和油净化装置的特点进行针对性滤油，利用离心式滤油机过滤油中杂质和水分。针对破乳化时间超标，而其他指标均合格的情况，判断油中可能存在溶解水，再利用真空脱水机进行连续循环，脱除油中的溶解水，使破乳化度逐渐趋于合格。滤油时安排专人监护，及时按油位补充合格油品。油品破乳化跟踪试验数据见表 2-46。

表 2-46　　油品破乳化跟踪试验数据

时间	颜色	外观	运动黏度（40℃，mm^2/s）	开口闪点（℃）	机械杂质	酸值（mgKOH/g）	液相锈蚀	破乳化度（min）	水分（mg/L）	颗粒度（NAS1638）
2016-11-21	棕红色	透明			无				35	10
2016-11-24	棕红色	透明	32.7	228.9	无	0.13	无锈	40.45	21	8
2016-11-27	棕红色	透明			无				15	7
2016-12-1	棕红色	透明			无			36.47	15	7
2016-12-15	棕红色	透明	32.54		无	0.126		34.95	15	6
2016-12-22	棕红色	透明			无			29.55	12	7
2016-12-30	棕红色	透明	32.55	229.1	无	0.127	无锈	28.12	10	7

（3）加强机组运行监控。运行人员在可控范围内合理调整汽封压力，尽量减少蒸汽进入涡轮机主机油系统；投入油在线净化装置，以过滤因受热和磨损等导致老化的产物，

并进行油水分离和杂质过滤，以确保油的纯净度和质量。

（4）把好新油验收关。对于库房存放的新油，添加前先化验，严防不符合标准的新油注入设备，使得运行油快速劣化。

通过上述措施，油质运行两个月后，2017 年 1 月 7 日，分析指标全部合格，满足机组运行要求。此后，两台机组涡轮机主机油再未发生过破乳化超标或其他劣化现象，水分和杂质也控制在指标范围内。

十四、破乳化异常案例 14

1. 情况简介

某电厂 4 号机组是一台 200MW 机组，用 N32 防锈涡轮机油，新油除有水分及机械杂质外，其余分析项目均合格。但将油注入设备后经大流量冲洗装置冲洗，发现油的破乳化度、液相锈蚀、油泥析出这三项指标均不合格。又连续冲洗，油质仍未改善，破乳化度试验延至 36h，乳浊液层仍有 15mL。并网发电后，因涡轮机油严重乳化，被迫停机处理。对油箱进行清理，仍使用同厂家同牌号的油，但仅运行十几个小时，发现新换过的油又乳化。经加热脱水，油变清，但做破乳试验时发现乳化层内有一层白色物质，60min 后仍未消失。

2. 案例分析

合格的新油进入设备运行后不久破乳化度就变为不合格的原因有以下几种：

（1）油中存在乳化剂。

（2）油中进入水分。

（3）油、水、乳化剂在高速搅拌下形成乳化油。

4 号机组轴封很可能漏汽，油中带水，但光有水分还不能导致油乳化，还得有乳化剂。4 号机组使用的 N32 防锈涡轮机油中添加有四种添加剂，“746”防锈剂、T501 抗氧化剂，另外两种因厂方保密，既未告知组分，又未告知每种的含量。据厂方介绍，这两种加起来不到千分之一的添加剂可使抗氧化安定性时间由 1000h 提高到 1500h，接近国际标准。但它们又是金属减活剂，对金属离子进行螯合，减少了金属的活性。遗憾的是这种油投入运行不久，油品抗乳化性能明显降低，并会产生白色沉淀，使滤油器的孔隙堵塞，为保证油品的良好性能，在运行过程中要不断地滤油。

3. 案例处理

4 号机组在 24h 试运时虽日夜不停地过滤，破乳化度一直不合格，但换用 20 号抗氧性油后运行至今良好。

经调研发现，由于 N32 和 N46 防锈涡轮机油与原 20 号或 30 号抗氧涡轮机油油品性能的差异及清洗不彻底，出现混油，使不少机组（包括 300MW 机组）的油质出现如油泥、沉淀物和乳化等现象。建议在生产厂家还未提高质量之前，N32 和 N46 防锈涡轮机油暂不能与机组运行中的 20 号、30 号油混用，整台涡轮机或锅炉给水泵，如果全部换防锈油，必须彻底清理油管道系统和油箱，而且油质需经老化试验等专项试验验收合格后方可使用。

十五、破乳化异常案例 15

1. 情况简介

某电厂 2 号主机润滑油的破乳化性能自某年大修后突然劣化，破乳化时间超过 60min，虽然电厂加大滤油力度，但破乳化性能仍不能明显改善。

2. 案例分析

为了改善润滑油的破乳化性能，首先通过实验室小型试验对破乳剂进行筛选和复配，其主要试验数据如表 2-47 所示。

表 2-47　破乳剂筛选和复配试验数据

序号	添加剂量（mg/L）	破乳化时间（min）	描述
1	100A＋100B	5.8	水层较清，油层浑浊、有黄色花边
2	50A＋50B	7.7	水层浑浊，油层浑浊、有黄色花边
3	300A	6.6	水层浑浊，油层浑浊、有黄色花边
4	100A	4.4	水层浑浊，油层浑浊、有黄色花边
5	70A	5.0	水层较浊，油层透明，有泡
6	50A	4.8	水层清澈，油层透明，有泡
7	30A	15.9	水层清澈，油层透明，有泡

注：A、B 为不同的破乳化剂。

筛选和复配试验表明：添加破乳剂 A，添加量为 50～70mg/L，破乳化时间短，油层透明，水层清澈。

3. 案例处理

该发电厂 2 号机润滑油于当年 7 月初进行了添加破乳剂处理，具体过程为：7 月 1 日 14:00 两次从冷油器放油 1000mL 左右，加 500mL 破乳剂 A，充分搅拌均匀，然后缓慢从主油箱顶部气孔处注入油系统，至 14:30 结束。然后每 2h 取样分析破乳化时间，破乳化时间在 12min 左右，为进一步改善破乳化时间，7 月 2 日 14:00 分 3 次从冷油器中取油样 1000mL，共加入破乳剂 1000mL，搅拌均匀，然后注入油系统中。两次共加入破乳剂 2000mL，按 2 号机润滑油总油量 20t 计，破乳剂的加入浓度约为 100mg/L。

添加破乳剂后，对润滑油的破乳化性能进行了连续的跟踪测试，分析结果表明添加破乳剂后润滑油的破乳化性能有很大改善：加破乳剂 1 月内，破乳化时间一般保持在 10min 左右；加破乳剂 3 月内，破乳化时间一般保持在 15min 以内。添加破乳剂前后润滑油破乳化时间测试结果如表 2-48 所示。

表 2-48　添加破乳剂前后润滑油破乳化时间测试结果

取样时间	取样点	破乳化时间（min）	备注
6:20	冷油器	0.9	
7:01	冷油器	12.2	第一次加破乳化剂 2h 后取样
7:01	冷油器	7.7	第二次加破乳化剂 2h 后取样
7:03	冷油器	7.2	
7:10	冷油器	10.5	
7:22	冷油器	8.1	
7:30	冷油器	9.9	
8:26	冷油器	12.7	
9:28	冷油器	13.9	

对 2 号机添加破乳剂前后的油品其他的性能如闪点、酸值、水分、颗粒度、油泥析出、液相锈蚀等也进行了测试，添加破乳剂前后油品的化验数据如表 2-49 所示，结果表明，破乳剂添加前后其他性能没有明显改变。

表 2-49　添加破乳剂前后油品的化验数据

添加前			添加后	
时间	6:30	7:3	7:22	9:18
闪点（℃）	234	236	228	226
酸值（mgKOH/g）	0.040	0.044	0.035	0.035
破乳化时间（min）	38.6	9.2	12.4	12.6
黏度	46.48	46.00	—	—
水分（mg/L）	38.1	41.2	40.3	38.0
颗粒度	NAS6 级	NAS6 级	NAS6 级	NAS5 级
油泥析出	无	无	无	无
液相锈蚀	无锈（海水）	无锈（海水）	无锈（海水）	无锈（海水）

十六、破乳化异常案例 16

1．情况简介

某厂 1 号机组已投产 7 年，前 6 年润滑油的油质始终良好。在近期定期检测中分析发现，1 号和 2 号机组润滑油的破乳化度指标明显上升，从以往的 12min 分别达到了 19min 和 21min，已接近极限值 30min。同时，两台机组润滑油的颜色和透明度也逐渐偏离标准，由此判断，润滑油经多年使用已出现油质劣化的现象。

2. 案例分析

对用 2%的吸附剂取 1 号机组的润滑油进行了再生处理，处理前、后的检验结果如表 2-50 所示。

表 2-50 处理前、后的检验结果

检验项目	检验结果		质量指标	试验方法
	1 号机组涡轮机油（原运行油样）	1 号机组涡轮机油（2%吸附剂再生处理后）		
酸值（mgKOH/g）	0.025	0.010	≤0.2（未加防锈剂油）	GB/T 264《石油产品酸值测定法》
破乳化度（54℃，min）	23.5	2.5	≤30	GB/T 7605《运行中汽轮机油破乳化度测定法》
油泥析出	无	无	—	DL/T 429.7《电力用油油泥析出测定方法》

从表 2-50 中可以看出，用 2%的吸附剂再生处理后，该油的颜色、透明度、破乳化度和酸值的检测结果均得到了明显的改善，且油的破乳化度达到了新油的质量指标。

3. 案例处理

经过滤油机的处理，三台机组的润滑油实现了显著的品质提升。观察其色泽及透明度，均呈现显著改善。此外，其破乳化度指标也远低于新油标准（≤15min）。

1 号、2 号和 3 号机组的润滑油经滤油机再生后，抗氧化剂 T501 的质量降低了。这是因为在再生过程中，除了会除去表面活性剂和劣化产物外，还会除去 T501 抗氧化剂。因此，在 3 台机组的润滑油中添加了 T501 抗氧化剂，添加前、后油中 T501 抗氧化剂的质量分数如表 2-51 所示。

表 2-51 添加前、后油中 T501 抗氧化剂的质量分数

机组	滤油后 T501 的质量分数（%）	补加后 T501 的质量分数（%）
1 号	0.07	0.46
2 号	0.07	—
3 号	0.05	—

再生处理后的油经过了两年的运行，目前，破乳化度指标与刚过滤时的相差不大。

第二节 水分异常案例

一、水分异常案例 1

1. 情况简介

某电厂 7 号机组为超高压、中间再热、单轴、三缸双排汽全电调型 210MW 涡轮机

发电机组（型号：N210-12.7/535/535 优化型），轴封系统为自密封系统。7 号机组自 2002 年 8 月投产以来，涡轮机油中带水严重，1～7 号轴承回油窗长期带水，特别是 1、2 号和 7 号轴承回油窗长期布满水珠无法消除，最严重时每小时在主油箱底部可放出水 1000～1500mL。涡轮机油中带水会使涡轮机油质恶化，油的黏度降低，影响油的润滑作用。当氢冷发电机的油中有水后，水会进入发电机的密封系统，使氢气湿度增大且纯度降低，影响发电机的绝缘；同时会增加密封瓦的磨损，增大漏氢的可能，影响机组安全。特别是涡轮机油中带水后会引起调节及保安系统部套锈蚀，造成安全隐患。该电厂 210MW 机组还曾发生过由于涡轮机油中带水导致危急保安器锈死无法按下的情况，严重影响机组安全运行。

2. 案例分析

涡轮机油中带水的原因主要是由设计安装和运行调整两方面的原因引起的，而轴封供汽、漏汽及回汽系统的设计安装不合理或运行中调整不当是涡轮机油中带水的主要原因。对于 7 号机组来说，导致涡轮机油中带水的原因主要有以下几点：

（1）轴封片间隙过大。为保证涡轮机的经济性和防止轴封汽进入涡轮机的轴承中，轴封处的间隙一般都较小，7 号机组高、中压轴封间隙正常为 0.60～0.85mm，但为了避免在启停机过程中汽封及汽封的变形造成动静摩擦使得大轴弯曲，在安装过程中，往往会把各级汽封间隙留得较大。汽封间隙的实际值大于设计值，使轴封间隙过大，造成漏汽量增加，各段漏汽管路排放能力不足，而使一部分高压汽源（尤其是高压缸前后）漏入下一级，最后大量排出，造成轴承室（尤其是 1、2 号轴承室）吸入大量湿蒸汽，使油中带水。

（2）轴封漏汽回汽阻力过大，回汽不畅。7 号机组轴封汽系统的高、中、低压段的最外挡漏汽并入到同一个回汽母管被轴封风机从轴封加热器抽出，但回汽管道因为现场安装位置的原因，管道弯头太多，阻力大过，特别是高压缸的前、后轴封漏汽和中压缸前轴封漏汽管由于布置在高、中压缸下面，管道多，难于布置，回汽管布置成较大的凹字形，导致回汽不畅；轴封风机排汽口设在除氧层上面，出口位置太高，再加上弯头多、管径小等原因，又造成轴封汽排汽不畅。7 号机组轴封系统最外挡轴封腔室压力设计值为－6.3kPa，而在实际运行中轴封风机进汽口压力却常常在 3～8kPa，导致最外挡轴封腔室压力大大高于设计值。而在除氧层的轴封风机排汽口又基本上看不到的蒸汽排出，由于回汽和排汽的不畅，轴封漏汽不能及时排出从而进入轴承的油挡中，导致了涡轮机油中带水。

（3）轴承座内负压太高。机组一般在涡轮机主油箱上装有排油烟风机，在运行中维持轴承座中的微负压，在油箱油面上负压为 98～196Pa，轴承座内负压为 49～98Pa，以抽出轴承座内的油烟，防止油质恶化。但 7 号机组主油箱排油烟风机入口的压力表精度不够，使主油箱排油烟风机入口负压高达 1000Pa 左右，使轴承座内负压过高，轴封漏汽吸入润滑油中，导致油中带水。此外，主油箱排油烟风机安装在主油箱上面，而主油箱排油烟风机排汽口设在机房顶部，排汽管较长，在主油箱排油烟风机出口门前后未安装排水门，通过排油烟风机抽出的蒸汽经常有部分水蒸气凝结成水又回流到油箱中，造成油中带水。

（4）排水门安装不合理。7 号机组轴承回油系统分为 3 部分。前轴承箱 1 号瓦回油为一回油系统，2、3、4、5 号瓦回油为一回油系统，6、7 号瓦回油为一回油系统。6、7 号瓦回油经过隔氢装置分离后回油箱。排烟系统由主油箱排烟风机、隔氢装置排油烟风机组成。隔氢装置排油烟风机安装在十米平台，在隔氢装置的底部和隔氢装置排油烟风机进口管的最低点各安装一个排水门，但这两个排水门都安装在十米平台下的半空中，运行人员无法操作到，因此这两个排水门长期处于关闭状态，里面长时间积存的大量积水不能及时排走，而且还影响了隔氢装置排油烟风机的正常工作，导致油中带水，使 7 号瓦回油窗长期布满水珠无法消除。

（5）轴封供汽调节不当。7 号机组轴封系统为自密封系统，正常运行时，其高压缸前后轴封的一挡漏汽及中压缸前轴封的一挡漏汽并到一个母管进入除氧器，高、中压缸前后轴封的二挡漏汽经减温减压后供低压缸轴封提供轴封汽源，高、中、低压缸前后的最外挡漏汽并入到同一个加汽母管被轴封风机从轴封加热器抽出。在设备运行过程中，由于除氧器高中压轴封存在大量漏汽，导致除氧器压力超出预设报警值（0.6MPa），需要进行压力调节。高中压缸轴封向低压缸轴封供汽的轴封母管压力设计值为 0.03MPa。在 7 号机组投产初期，为了确保低压轴封供汽，操作人员经常将轴封母管压力调整在 0.03～0.035MPa 运行。然而，过高的轴封供汽压力导致轴封汽泄漏至轴承座内，进而造成涡轮机油中带水。

（6）真空滤油机脱水效果差。7 号机组安装有一台真空滤油机，但真空滤油机一直不能正常工作，脱水效果太差也是涡轮机油中带水的一个原因。

3. 案例处理

针对 7 号机组油中带水的原因，通过分析采取了以下处理措施：

（1）调整轴封间隙，减少漏汽量。轴封间隙过大是涡轮机油中带水的一个主要原因，7 号机组投产以来，涡轮机油中带水问题一直比较严重，虽然也通过分析采取了一些处理措施，油中带水现象也有了一定程度的改善，但由于无法对轴封间隙进行检查处理，油中带水问题也一直没有彻底解决。2005 年 1 月，在 7 号机组大修期间对各级轴封间隙进行了检查，发现高、中压缸轴封间隙比正常值偏大，高压轴封最大间隙达到了 1.5mm，严重超过设计值。后对高中压轴封间隙进行了调整，减少了轴封漏汽量，从而从根本上解决了油中带水问题。

（2）对回汽管和排水管进行改造，减少阻力。针对轴封漏汽的回汽管弯头多、阻力大问题，对回汽管进行了改造，在高、中、低压轴封最外挡漏汽管上另加装了一个 ϕ108×4mm 的水平加汽管，直接进入轴封加热器进口，大大减小了回汽管的阻力，使回汽顺畅。为了减小轴封风机排汽管的阻力，对排汽管也进行了改造，拆除了原来到除氧层的排汽管，在轴封风机出口门后另安装了一个水平排汽管直接从五米层排出厂房外，使原来排汽管的弯头由 6 个减少到 2 个，并且增大了排汽管的管径，使排汽管的管径由原来的ϕ150×4mm 增大到改造后的ϕ219×4mm，排汽管道也缩短到原来的三分之一，明显减少了排汽阻力。轴封系统示意图如图 2-8 所示，改造后轴封风机进口压力由原来的 3～8kPa 减少到－3kPa～0kPa，基本接近了设计值，轴封漏汽的阻力显著减小，涡轮机油中带水现象也得到了显著改善。

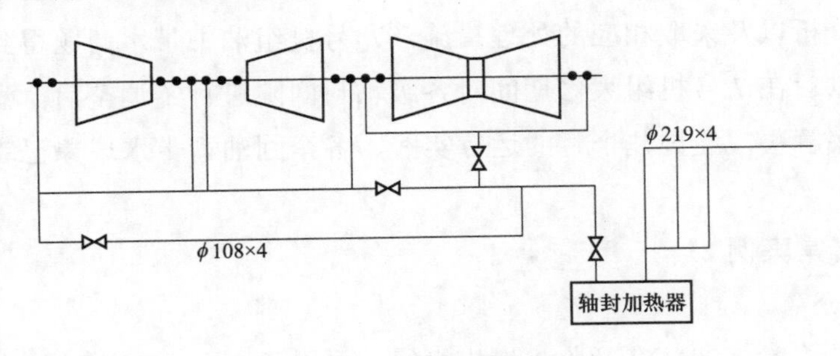

图 2-8 轴封系统示意图

（3）调整风机的进口压力，减小轴承座负压。轴承座离轴封较近，轴封漏汽直接影响轴承座周围环境，轴承座内负压越大，轴封漏出的蒸汽越容易被吸入轴承座内进入油系统，造成油中带水。因此，轴承座负压的调整，直接影响到油中积水，在保证各轴承室回油畅通，排烟顺利的情况下，适当调整排烟风机出口挡板，降低轴承室负压是很重要的。根据 7 号机组设计值，轴承室负压为 49～98Pa，最大不应大于 147Pa；而在原实际运行时，由于主油箱排油烟风机入口压力表的精度不够，使入口负压高达 1000Pa 左右，使轴承座内负压明显高于设计值。后来，把主油箱排油烟风机入口 1.5 级精度的压力表更换为 0.4 级的高精度压力表，并调整排油烟风机出口挡板，使主油箱排油烟风机进口负压维持在 150Pa 左右运行，从而减小了轴承座内负压。并在主油箱排油烟风机出口门前加装了一个排水门，正常运行时并保持微开状态，使凝结倒流回来的水及时排出，从而使油中带水现象明显减轻。

（4）把轴封供汽压力调整在正常合理范围内。7 号机组轴封供汽母管压力的设计值为 0.03MPa，后在运行中经过多次试验发现，当轴封供汽母管压力不小于 0.015MPa 时，对机组的真空就没有影响。因此在运行中把轴封供汽母管压力调整到 0.015MPa 左右，有效地改善了油中带水情况。此外，原来对高压缸轴封和中压缸前轴封进入除氧器的一挡漏汽进行节流，防止除氧器压力高报警（0.6MPa），经过运行实践，除氧器压力达到 0.6MPa 时对除氧器的安全运行并无影响。因此现在全开一挡漏汽门，不进行节流，减少了轴封供汽进入轴承的漏汽量。

（5）改造隔氢装置的底部和隔氢装置排油烟风机进口管的排水门。由于隔氢装置底部和隔氢装置排油烟风机进口管的排水门安装不合理，无法操作，使7号瓦回油窗长期布满水珠。后对隔氢装置底部和隔氢装置排油烟风机进口管的排水门加装了延长管和二次门，运行时一次门保持全开，二次门定期开启以排出积水，有效地改善了7号瓦带水现象。

（6）更换高效的滤油脱水设备。针对真空滤油机工作不可靠、脱水效果差的情况，7号机组重新安装了一台高效、可靠的HCP-200型的玻尔滤油机，在安装新的滤油机初期，每半个小时滤油机自动排水一次，脱水效果明显。

通过上述分析以及采取相应的处理措施，7号机组油中带水问题得到了有效控制和解决，特别是以后在7号机组大修期间对各级轴封间隙进行了调整后，涡轮机油中带水问题获得了彻底解决，经过几个月的运行实践，各个回油窗带水现象已完全消除，运行状况良好。

二、水分异常案例2

1. 情况简介

某公司配置了2×600MW超临界燃煤机组，采用了2台50%汽动给水泵和1台30%电动调速给水泵的配置方式。这些水泵均采用卧式布置，筒体式结构，其出口压力约为30MPa。主泵轴封采用了迷宫密封形式。

2. 案例分析

在1号机整体启动初期，1B汽动给水泵组油箱含水，化验结果显示水含量超过1%，这一数值超过了标准值的100余倍。随后，通过滤油机加紧过滤除水，24h后油中水分降到0.1%以下并保持稳定。经过分析，主要问题包括：

（1）运行调试人员对该系统不太熟悉，密封水差压设定太小，压差设定仅为50～60kPa，无法有效密封住泵内的热水，导致回水温度高达60～70℃，在水泵轴承室为负压状态下，热蒸汽很容易窜入水泵轴承室，从而油中带水。

（2）机组在启动过程中，给水压力波动较大，密封水压差跟踪不好，容易出现密封水窜进油中的情况。

3. 案例处理

针对上述问题，运维人员采取了以下措施：

（1）在给水泵运行过程中，应将密封水差压保持在约100kPa，同时注意密封水的回水温度，尽量避免其超过50℃。

（2）当给水泵处于停泵备用状态时，应将密封水差压控制在约80kPa，这样可保持回水温度与凝结水温度一致，约为40℃。

（3）在启泵初期，由于机组运行工况变化较大，密封水应直接排到地沟。待机组运行稳定后，密封水应倒入凝结器。

通过上述处理方式，1B汽动给水泵油中带水问题得到了显著缓解。

三、水分异常案例 3

1. 情况简介

某发电厂二期工程两台 1000MW 机组配备了型号相同的两台 50%容量汽动给水泵。根据机组投产运行以来的数据，给水泵涡轮机的运行状态一直保持稳定，未出现给水泵涡轮机油中进水的情况。在例行巡检过程中，发现给水泵涡轮机滤油机排水计数器记录的数据存在变化（针对在线 A 给水泵涡轮机滤油设备）。虽然油箱油位的变化并不明显，但是给水泵涡轮机的轴承温度及振动情况均无异常。为了确认给水泵涡轮机滤油设备的排水次数是否确实存在变化，已取样进行油质分析。根据目前得到的数据，5B 给水泵涡轮机油中含水量为 580mg/L，而 5A 给水泵涡轮机油中含水量超过了 1000mg/L。

另将 5A、5B 给水泵涡轮机油箱负压调高、加大密封水进回水温差至 13℃，在线滤油机保持连续对 5A 给水泵涡轮机脱水，滤油机疏水明显。

近期，两台给水泵涡轮机油中含水量均在 50mg/L 左右，机组运行稳定，给水泵涡轮机系统各参数未进行大幅调节。10 月 5 日，处理 5A 前置泵入口滤网差压变送器失电缺陷，更换 FIM（光纤接口模块）卡件，更换工作涉及给水泵涡轮机轴封供汽门，热控人员将给水泵涡轮机轴封供气调门强制为当前值。9:14 开始强制，9:39 恢复原样。工作前后，机组负荷增加了 700MW，轴封供汽调门开度 58%无变化，轴封供汽压力分别为 20.55kPa/22.63kPa，插拔卡件期间，轴封供汽压力及调门开度显示为坏点。

2. 案例分析

回顾本次进油过程，涉及给水泵涡轮机系统的运行方式变化的唯一就是热工处理卡件和负荷变动。而小范围负荷波动，对轴封供汽调门开度影响较小，不会造成轴封供汽压力大幅波动。查找历史曲线，负荷在 730～810MW 变动期间，调门阀位在 59%～55%呈线性变化，因此强制供汽调门阀位为 58%，在此短时间内变动负荷，轴封供汽压力波动很小，上升到 22.63kPa，对轴封供汽影响很小。因此可以排除这个因素。

对给水泵涡轮机轴封系统进行检查，发现 B 给水泵涡轮机轴封回汽门后疏水器温度较低，处于堵塞或者卡涩状态。后将此疏水器旁路门开启，疏水管路温度上升，疏水正常。A、B 给水泵涡轮机前轴封漏气至凝汽器疏水气动阀前疏水器也均疏水不通，开启旁路阀后有明显水击，疏水后管线温度上升，疏水正常。通过此现象怀疑 A、B 给水泵涡轮机轴封回汽不畅（由于 A、B 给水泵涡轮机轴封回汽管道存在 4m 左右的 U 形弯管，疏水器工作不正常后回汽管道积水，但由于轴封压力高、轴加风机抽吸两者叠加作用，轴封回汽管路仍然畅通。给水泵涡轮机轴封系统压力不正常后，回汽管蒸汽凝结，而此时疏水器工作不正常，无法将回汽管道疏水及时排除，管道积水堵塞。压力正常后，回水管道形成水封，回汽不畅），引起轴封端部蒸汽少量外漏，长时间后导致油中含水升高。

3. 案例处理

由于 A、B 给水泵涡轮机油箱负压均比较大（A、B 给水泵涡轮机油箱负压分别为

－2.1kPa、－0.8kPa），蒸汽经过轴瓦窜入给水泵涡轮机油系统。后经调整油箱负压后，油中含水明显好转。这也验证了A、B给水泵涡轮机油中含水同时升高且A高B低的原因。

四、水分异常案例4

1. 情况简介

某厂Ⅰ期给水泵涡轮机采用了NGZ84.6/83.5/06型，而Ⅱ期则采用了ND（G）83/83/07-9型。这两种型号的给水泵涡轮机都配备了独立的润滑油系统，以确保汽动给水泵的轴承得到充分的润滑。然而，自投产以来，给水泵涡轮机的润滑油系统中一直存在带水现象，这可能会对机组的安全运行产生直接影响。

2. 案例分析

针对汽动给水泵和涡轮机可能导致润滑油中进水的问题，工作人员进行了原因分析并采取了相应的解决措施。

首先，给水泵水封回水不畅是其中一个原因。过去，给水泵的密封水采用多级水封结构，但由于其结构原因，存在密封水回水不畅的问题。这导致密封水回水可能进入给水泵润滑油中，进而导致油质恶化。

其次，有可能是轴封系统存在一定问题。给水泵涡轮机的轴封供汽来源于主机轴封母管，而轴封母管供汽来自辅汽。如果给水泵涡轮机汽封供汽压力过高，导致给水泵涡轮机轴封向外漏汽，蒸汽进入轴承箱腔室，进而导致油中进水。

最后，给水泵涡轮机轴封回汽不畅也可能是造成油中带水的原因之一。

3. 案例处理

针对给水泵水封回水不畅的问题，经过技术改造，将原有的多级水封改为了单级水封。这一改进措施，有效地解决了密封水回水进入给水泵润滑油的问题，进一步提升了设备运行的稳定性和可靠性。

为了解决轴封系统漏气的问题，采取了以下措施：

（1）调整给水泵涡轮机的轴封进汽压力。每台给水泵涡轮机轴封的径向间隙不同，每台给水泵涡轮机轴封的进汽压力也不同，调整后的给水泵涡轮机轴封漏汽量也不尽一样。通常在不影响主机真空的前提下，尽可能减小给水泵涡轮机前轴封向外喷汽量，以几乎感觉不到有汽出来为宜。

（2）对给水泵涡轮机轴承箱腔室进行负压调整。如果负压偏大，就容易吸入轴封漏汽。因此，通过调整给水泵涡轮机的排烟风机出口挡板门，使给水泵涡轮机轴承箱腔室内形成微负压，甚至是微正压。这样既不会吸入轴封漏汽，又不漏油。

（3）采取其他可供选择的解决办法，如：在给水泵涡轮机前箱的油挡最外齿腔室引入一路微正压压缩空气，同时安装一个截止阀，以便调整进气压力，从而形成一道空气屏障；或者将给水泵涡轮机铜齿的普通油挡改为一种新型接触式油挡。这些方法不仅可以很好地解决轴封蒸汽进入轴承箱腔室的问题，而且也能防止箱内润滑油外漏。

针对给水泵涡轮机轴封回汽不畅的问题，若在给水泵涡轮机轴封管壁温度较低时就关闭轴封回汽管疏水门，导致给水泵涡轮机启动时轴封暖管不充分，将引发一系列问题。具体而言，轴封回汽管内蒸汽将在管壁冷却作用下大量凝结，最终形成水封，阻碍轴封的正常回汽。由于蒸汽流过被阻塞的回汽管，轴封回汽管壁温度将进一步下降。即使此时开启疏水门将轴封回汽管积水完全疏净，关闭疏水门后不久，蒸汽仍会因温度较低的管壁而冷却凝结，再次产生积水。因此，必须采取措施确保给水泵涡轮机轴封回汽畅通，避免因管壁温度较低而形成水封的问题。给水泵涡轮机的位置造成了其轴封回汽管易积水；给水泵涡轮机轴封回汽管最低位置距地面不到 1m，轴封回汽然后要到达距地面 8～9m 的高处进入轴封加热器，如果轴封回汽湿度稍大就易造成积水。回汽管积水、回汽不畅，使轴端负压汽封腔室压力升高。如果压力超过大气压，将会由轴端向外漏汽。由于 I 期给水泵涡轮机轴封回汽的疏水进入凝汽器，因此加装疏水器。II 期给水泵涡轮机轴封回汽的疏水直接排地沟，在给水泵涡轮机轴封回汽的管路上加装一 U 形水封管来进行疏水。U 形水封管如图 2-9 所示。

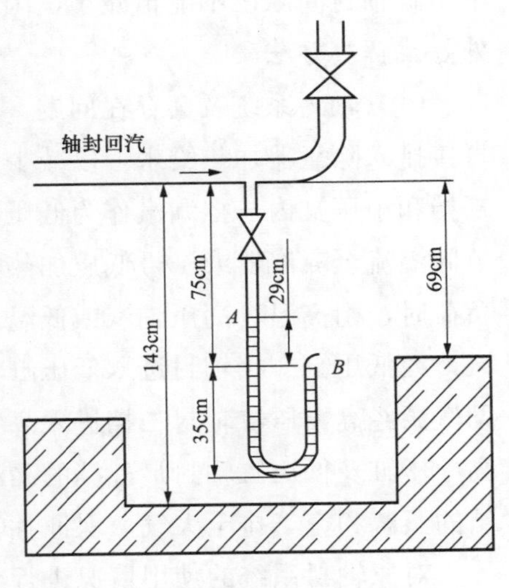

图 2-9　U 形水封管

经过这一系列的设备、系统改造，给水泵涡轮机油中带水的问题已基本得到有效的解决。此外，给水泵涡轮机的油质长期保持优良水平，各轴承运行良好，从而保证了给水泵涡轮机的安全稳定运行。

五、水分异常案例 5

1. 情况简介

某发电有限责任公司 1 号、2 号涡轮机均为 N300-16.7/537/537-3 型两缸两排汽、亚临界参数、一次中间再热凝汽式涡轮机。其结构上采用高中压缸合缸、低压缸对称分流式布置。涡轮机采用自密封轴封系统，其作用是：①利用轴封系统供给的蒸汽封住高中压缸内的蒸汽，防止其向汽缸外泄漏，造成环境恶化或润滑油中进水；②防止空气沿低压缸轴封进入低压缸降低涡轮机真空。因 1、2 号涡轮机高中压转子分别存在 0.09mm 和 0.13mm 的弯曲量，为防止动静部分发生碰磨，高中压缸轴端轴封间隙在检修时调整得偏大，从而造成运行中高中压缸轴封向外漏汽严重。漏出的蒸汽串入轴承室或轴承回油内，致使油中水分严重超标（1、2 号主机冷油器中油水分含量见表 2-52），对机组的安全运行构成威胁。2 台机组虽然采用 3 台滤油机 24h 在线滤油，但水分仍一直超标。机组负荷越高，涡轮机内蒸汽压力越高，轴封漏汽就越严重，油中水分也就越大。

表 2-52　　1、2 号主机冷油器中油水分含量　　单位：mg/L

项目	最大值	最小值	平均值
1 号机组	216	73	143
2 号机组	138	64	87

2. 案例分析

由于 1、2 号机组均存在高中压转子弯曲，为防止涡轮机运行中发生动静碰磨，高中压缸轴封间隙已不能再减小，因此不可能通过调整轴封间隙来减少油中水分，故需另外寻找解决办法。

（1）轴封系统及其存在问题。1、2 号涡轮机高压缸轴封内一挡的漏汽压力较高，其直接排入除氧器加热给水，以减少高压缸轴封向外冒汽。在负荷大于 50%时，高压缸外二挡和中压缸内一挡漏汽作为低压缸轴封的供汽汽源，多余的轴封漏汽通过轴封溢流调节阀溢流至凝汽器或 1 号低压加热器，维持高中压缸轴封不冒汽；在负荷小于 50%额定负荷时，由高温、高压辅汽或低温、低压辅汽汽源经供汽调节阀向高中压缸轴封系统供汽，经低压缸一挡轴封进入低压缸轴封处，防止空气漏入低压缸内影响凝汽器真空。辅助汽源经高中压缸轴封二挡进入高中压缸轴封处，密封高压缸轴封，使其不向外冒汽。高中压缸及低压缸轴封最外挡的漏汽引至轴封加热器加热凝结水，并由轴加风机将不凝结的蒸汽和空气排至大气，保证各轴封处不向外冒汽。

对原轴封系统的使用情况进行分析，发现存在以下问题。

1）低压轴封供汽压力较高，为保证凝汽器的真空，防止从低压缸轴封处漏入空气，必须保证低压轴封有足够的蒸汽来进行密封。低压轴封供汽压力（表压）设计值为 0.029～0.031MPa，而实际供汽压力为 0.06～0.08MPa，远远高于设计值，使得辅助汽源轴封供汽调节阀始终开启，轴封溢流阀始终关闭，造成高中压缸轴封的溢流量减少，并使高压轴封第二腔室压力升高，高压轴封向外漏汽增大。同时，因低压轴封供汽量增大，低压轴封的回汽量也增大，使得高中压缸和低压缸轴封的回汽总量增大，高中压缸的回汽压力（表压）分别升高至 30Pa 和 20Pa，高于大气压力（设计值为低于大气压力），使高中压缸轴封处向外漏汽较大。

2）阀杆漏汽与高中压缸轴封至除氧器的漏汽量相互竞争，导致后者进入除氧器的量减少。具体来说，高中压缸的轴端轴封漏汽和主汽阀、调节阀的阀杆漏汽通过一根ϕ108×4.5mm 的管子合并后引入除氧器。由于阀杆漏汽的压力高于轴端轴封漏汽压力，且其漏汽量较大，导致合并后的通流量不足。这进一步导致阀杆漏汽排挤高中压缸轴封漏汽，使得进入除氧器的高中压缸轴封漏汽量减少。这种情况还引起轴封腔室内的压力上升，从而增大了轴封向外漏汽的量。

3）轴封系统不完善，低压缸轴封回汽公用 1 个回汽门，在调整低压轴封时，很难保证低压缸两端轴封不冒汽、不吸气，而经常造成低压缸轴封一侧吸气、一侧冒汽。

4）对轴封供汽和轴封溢流调整不当，轴封供汽调节阀和轴封溢流调节阀自动调节阀特性差且不协调，在高负荷时常出现溢流调节阀未全开，而供汽调节阀却开度较大，从而造成在高负荷情况下，一方面继续向轴封系统供辅助蒸汽，另一方面溢流调节阀没有开大，使得高中压缸轴封腔室的压力升高，向外泄漏量增大。

5）轴封回汽压力较高，在高中压缸和低压缸轴封回汽至轴封加热器母管上分别装有轴封回汽压力表，以便监视轴封最外挡的回汽压力。按照设计要求，回汽压力均应显示为微负压，但机组投运后该2个表计一直没有显示，后将表计修复，发现高中压缸和低压缸轴封回汽压力分别为＋12Pa和＋5Pa，高于原设计值。

6）高中压缸轴封处漏出的蒸汽排泄不畅，因为高中压缸轴端轴封处与轴承之间的间隙较小，在对高中压缸进行保温时，保温材料堵满轴端轴封与轴承之间的间隙，轴端漏出的大量蒸汽不能顺畅地排向大气，而是进入轴承室及轴承回油中。

（2）轴承腔室内回油负压较高。按照设计，在轴承回油母管和主油箱上均应装监视轴承回油压力和主油箱内压力的压力表，但现场一直未装，使轴承回油压力无法监视。待装上表计后发现，轴承回油母管负压达到－2430Pa，远低于设计值（－196～－145Pa），因而主油箱负压过低，造成其对轴封漏汽的抽吸作用过大，大量的蒸汽被吸入轴承室。

（3）主油箱对油中水分的分离效果差。主油箱为平底，油箱底部有5°的倾斜角，油箱放水管安装在油箱较低的一侧，但放水管入口距离油箱底部100mm，油箱底部水分无法放出，当油受到扰动时，油箱底部的水分会被带进润滑油。

（4）滤油机脱水效果差。每台涡轮机均配有1台真空脱水滤油机、1台备用滤油机，所有滤油机每天均24h不停地滤油。滤油机真空低时脱水效果差，真空高时真空罐中泡沫太多，容易出现跑油现象，因此不得不采用截流的方法降低真空罐中的油位。这样就使得滤油机的正常出力大幅减少，只能达到设计出力的20%，滤油效果很差。

3. 案例处理

（1）对轴封系统进行改造。高中压阀杆漏汽与高压缸轴封漏汽分开布置，在1、2号机组小修期间，将主汽阀和调节阀的阀杆漏汽与高压缸轴封内一挡漏汽分开布置，分别引入除氧器，以减少阀杆漏汽对高压缸轴封漏汽的排挤作用，使高压缸轴封内一挡的漏汽能够顺利排入除氧器，降低高压缸轴封外二挡、三挡的泄漏量。

低压缸轴封加装回汽分阀，在1、2号机组小修期间，于低压缸轴封回汽管上分别加装轴封回汽分阀，以方便对低压缸两端轴封进行调整，确保低压缸两端轴封处既不吸气也不冒汽，从而降低低压轴封的供汽压力。

修复仪表显示，这样可以明确高中压缸和低压缸轴封回汽母管压力表的准确示值，以便为运行调整提供依据。规范汽缸保温方法及提高汽缸保温质量，特别需要关注汽缸轴端轴封处的保温工作。在此过程中，必须严格防止保温材料堵塞轴封与轴承之间出现空隙，以确保轴封漏出的蒸汽能够顺畅地排向大气。

完善轴封自动调整逻辑，修改轴封供汽调节阀和轴封溢流调节阀的控制逻辑，在负荷变化时实现轴封自动调整，确保在高负荷下能够关闭轴封供汽的辅助汽源，靠轴封溢流维持轴封正常压力，从而加大高中压缸轴封向低压缸轴封的供汽量，降低高中压缸轴封外二挡压力，减少高中压缸轴封的外漏量。

调整轴封各参数在最佳范围之内，通过合理调整低压缸轴封供汽分阀和回汽分阀开度，使低压缸轴封供汽压力维持在22～25kPa，高中压缸轴封回汽母管压力维持在－6～－3kPa，低压轴封回汽母管压力维持在－8～－6kPa，轴封加热器入口压力维持在－100kPa。

（2）降低轴承回油母管负压。在轴承回油母管和主油箱上分别加装压力表，并将轴承回油母管上的压力指示引入分散控制系统（DCS），便于运行人员监视和调整。通过调整主油箱排烟风机入口门，将主油箱内压力调至－245～－196Pa，将轴承润滑油回油母管压力调至－146～－96Pa，既保证了轴承回油畅通、油挡处不甩油、主油箱油分离正常，又保证了不因轴承室内压力过低而从轴承中大量抽吸蒸汽。

（3）增加滤油机排油泵出力。滤油机真空罐液位高的主要原因是排油泵出力小，为此，将排油泵更换成流量较大的泵，在滤油机真空罐入口不再截流，使滤油机出力达到了设计流量。同时，加装检测真空罐内泡沫高度的测量报警装置，把信号引至DCS报警中，确保了滤油机不跑油，提高了滤油机运行可靠性。

（4）改变主油箱放水管位置。在1、2号机组小修期间，将主油箱放水管移至主油箱最低处，油中大部分水分可以通过主油箱放水管放掉，未分离的水分主要靠滤油机滤出。此外，根据机组负荷和油中水分情况，定期检测油箱油水分。

六、水分异常案例6

1. 情况简介

某发电公司1号机组为N135-13 24/535/535型超高压、中间再热、单轴及双缸双排汽全电调型涡轮发电机组，结构上采用高中压合缸、低压缸对称分流式布置，轴封系统为自密封系统。1号机组自投产以来，涡轮机油中带水现象严重，1～4号轴承回油窗长期带水，特别是1、2号轴承回油窗长期布满水珠无法消除，最严重时每天在主油箱底部管道可放出10～15L水。涡轮机油中带水会使涡轮机油质恶化，油的黏度降低，甚至会引起油质乳化，影响油的润滑作用。涡轮机油中带水后会引起调节及保安系统部套锈蚀，会造成安全隐患。某发电公司135MW机组还曾发生过由于涡轮机油中进水导致调门关不严密，严重影响机组安全运行的事故。

2. 案例分析

为保证涡轮机的经济性和防止轴封汽进入涡轮机的轴承中，轴封处的间隙一般都较小，1号机组高、中压轴封间隙正常为0.45～0.55mm，但为了避免在启、停机过程中汽封及汽封的变形造成动静摩擦而大轴弯曲，在安装过程中，往往会把各级汽封间隙留得较大。汽封间隙的实际值大于设计值，使轴封间隙过大，造成漏汽量增加，使轴承室（尤其是1、2号轴承室）吸入大量湿蒸汽，造成油中带水。

1号机组轴封系统的最外挡漏汽并入到同一个回汽母管被轴封加热器抽出，但轴封抽汽口设在射水抽汽器下水管道上，抽汽量小，管道弯头太多，阻力过大，导致轴封汽排汽不畅。1号机组轴封系统最外挡轴封腔室压力设计值为－5.1kPa，而实际运行中轴封加热器汽侧压力常常在1～3kPa，导致最外挡轴封腔室压力大大高于设计值。由于回汽和排汽不畅，轴封漏汽不能及时排出从而进入轴承的油挡中，导致了涡轮机油中带水。

机组一般在涡轮机主油箱上装有排油烟风机，在运行中维持轴承座中的微负压，在油箱油面上负压为98～196Pa，轴承座内负压为49～98Pa，以抽出轴承座内的油烟，防止油质恶化。但某发电公司1号机组主油箱排油烟风机入口负压达1000Pa，使轴承座内负压过高，轴封漏汽进入润滑油中，导致油中带水。另外，主油箱排油烟风机排汽口设在机房上部，排汽管较长，在主油箱排油烟风机出口门前后未安装排水门，通过排油烟风机抽出的蒸汽经常有一部分凝结成水又回流到油箱中，造成油中带水。

某发电公司1号机组配套安装有1台滤油机，但滤油机一直不能正常工作，脱水效果差也是涡轮机油中带水的一个原因。

3. 案例处理

轴封间隙过大是涡轮机油中带水的一个主要原因，某发电公司1号机组自投产以来，涡轮机油中带水问题一直比较严重，虽然也通过分析采取了一些处理措施，油中带水现象也有了一定程度的改善，但由于无法对轴封间隙进行检查处理，油中带水问题也一直没有彻底解决。在1号机组大修期间对各级轴封间隙进行了检查，发现高、中压缸轴封间隙比正常值偏大，中压缸轴封最大间隙达到1.1mm，严重超过设计值。后对高中压轴封间隙进行了调整，减少了轴封漏汽量，从而从根本上解决了油中带水问题。

在轴上增设轴加风机，以提升抽汽效率，同时增加轴封漏气的负压。原有的轴封加热器至射水抽汽器的管道需要取消，并在轴封加热器的上方安装新的轴加风机，这样可以增强抽真空的能力，并进一步增大轴封外挡腔室的负压，轴封系统示意图如图2-10所示。

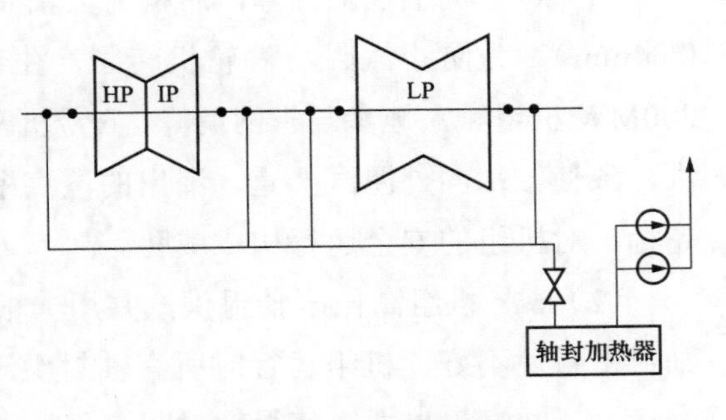

图2-10 轴封系统示意图

轴承座离轴封较近，轴封漏汽直接影响轴承座周围环境，轴承座内负压越大，轴封漏出的蒸汽越容易被吸入轴承座内从而进入油系统，造成油中带水。因此，轴承座负压的调整直接影响到油中积水，在保证各轴承室回油畅通且排烟顺利的情况下，适当调整排烟风机出口挡板，降低轴承室负压是很重要的。根据1号机组设计值，轴承座内负压为 49～98Pa，最大不应大于 147Pa；而在原实际运行时，由于主油箱排烟风机入口负压高达 1000Pa，使轴承室负压明显高于设计值。调整排油烟风机进口蝶阀开度，使主油箱排烟风机入口负压增高，维持在 150Pa 运行，从而减小了轴承座内负压。同时在主油箱排烟风机出口门前加装了排水门，正常运行时保持微开状态，使凝结倒流回来的水及时排出，从而使油中带水现象明显减轻。

1 号机组轴封母管压力设计值为 0.013MPa，后在运行中发现，当轴封母管压力不小于 0.017MPa 时，对机组的真空就没有影响。因此，在运行中把轴封供汽母管压力调整到 0.017MPa，有效地改善了油中带水情况。

更换高效的滤油脱水设备。针对厂家配置的油净化装置工作不可靠、脱水效果差的情况，对 1 号机组重新购置了一台可靠的真空滤油机，脱水效果明显。

通过上述分析以及采取相应的处理措施，某发电公司 1 号机组油中带水问题得到有效控制和解决，特别是在 1 号机组大修期间对各级轴封间隙进行了调整及加装了轴加风机后，涡轮机油中带水问题得到了彻底解决，经过一年多的运行实践，各个回油窗带水现象已完全消除，运行状况良好。

七、水分异常案例 7

1. 情况简介

某厂 6 号机组配置的 CC140/N200-130/535/535 单轴、三缸、两排汽、超高压一次中间再热双抽冷凝式涡轮机，于 20 世纪 90 年代初投产运行。涡轮机轴系由 5 个轴承支撑，所有轴封均为梳齿式汽封。主机润滑油系统采用 32 号涡轮机油，主要向各轴承提供润滑、冷却及顶轴用油，向发电机提供密封用油以及向保安系统供油。2010 年 11 月，6 号机组主冷油器油中水分平均值为 3967mg/L，最高达到 7500mg/L，平均高于国家标准控制值 39.7 倍。

2. 案例分析

（1）6 号机组基础沉降，启机前大轴晃动度一般为 0.082mm（查该厂规程原始值为 0.04mm），为防止汽封与涡轮机转子产生动静碰摩，检修时均将汽封间隙放大，加之 200MW 机组频繁地参与省网调峰，6 号机密封齿痕被磨损或倒伏造成密封间隙进一步扩大，致使轴端向外漏汽严重。漏出的蒸汽窜入轴承室或轴承回油内，导致油中水分严重超标，对机组的安全运行构成威胁。

（2）6 号机组高低压轴封供汽共用一根母管，且低压侧轴封套非全周进汽，低压侧轴封密封性不好。机组运行时所有轴封供汽压力均控制在 75～85kPa，造成高压轴封供汽量大，回汽量也大，使得轴封回汽总管内压力增大。一方面造成高压侧轴封处向外漏汽量增大；另一方面排挤低压侧回汽量，导致低压侧轴封向外漏汽量也增大。因高、中压轴承箱和各轴瓦都处于负压运行，从漏汽情况看，轴承箱附近的高、中压轴封供汽压力控制值偏高太多，造成水汽通过油挡进入轴承箱。

（3）JQ-65-2 型 2 号轴封加热器换热面积为 $65m^2$。正常运行时，水侧旁路门开启一半。然而，由于轴封泄漏，导致 2 号轴封加热器截门全开。由于该加热器的换热面积原本就处于紧张状态，多次泄漏锥堵后，堵管数量早已超出 10%。当机组负荷较高时，需要通过加大水侧旁路门的开度以保证高压除氧器正常上水。然而，这样会导致汽侧因走水量减少，无法充分吸收换热，使得汽侧压力升高并超出正常的轴封供汽压力，容易导致涡轮机油中进水。

（4）滑动套筒式油净化装置是厂家配套的，因常年运行，支架与管板发生腐蚀，经常内漏，其输油泵故障率高，且净化箱内部过滤除水装置设计不合理，导致机组运行中通过轴封漏入润滑油的水汽进入主油箱后无法经过油净化装置过滤去除。

（5）对 6 号机组劣化的涡轮机油进行化验分析，除油中水分严重超标外，其余所有化验项目均合格，由此确认水分超标非油质劣化所致。

3. 案例处理

由于该厂处于我国北方地区，每年 10 月中旬至次年 4 月中旬为供暖期，该时段正是机组发电供热总负荷最高的时候，也是涡轮机油水分超标最严重的时期，为保证供暖期机组的安全运行，采取了以下控制措施。

（1）在保证供暖负荷满足需求的前提下，尽量让其他机组带高负荷，6 号机组带低负荷，同时尽量不采用 6 号机组参与省网调峰以保持该台机组发电供热负荷的稳定。

（2）根据负荷变化，用轴封供汽分门及时将高压缸前后和中压缸前轴封段供汽压力调整至 13～18kPa，将中压缸后轴封段（热网抽汽从中压转子末级抽出）供汽压力调整至 55～60kPa，低压缸前后轴封段供汽压力调整至 60～65kPa。

（3）2 号轴封加热器汽侧压力用其水侧旁路门和截门综合调整，由 7kPa 微正压运行调整至－7kPa 微负压运行。同时，取消 6 号机组运行小指标竞赛中凝汽器真空指标，规定真空以 90～93kPa 为宜，凡 2 号轴封加热器汽侧压力高于 0kPa 或真空高于 95kPa（该台机组采暖期正常凝汽器真空平均值为 96.45kPa，严寒期最高可达 99.1kPa），均对该运行单元当值人员加以考核。

（4）在及时补加“746”防锈剂的同时，使用大流量的净油机每天 24h 连续运行，以辅助油净化装置对涡轮机油进行脱水处理，并规定 3 倍以上的主油箱与油净化装置的检查放水频次。

通过采取以上 6 号机组运行时的维护办法，收到了非常好的效果。发电机密封油箱、涡轮机前轴承箱、中间轴承箱和各瓦回油视窗上有水珠的现象基本消除。

2011 年和 2012 年，利用 6 号机组检修时机先后完成了以下改造：

（1）将涡轮机梳齿汽封全部改成蜂窝汽封，解决了梳齿汽封不耐磨、容易引发轴系自振造成轴封漏汽量增大的问题。这是因为担心机组基础沉降，轴封径向间隙过小容易引发机组动静碰摩而人为放大径向间隙值，目前有效地减小了该值，增强了密封效果。

（2）鉴于涡轮机基础沉降的客观存在，又不能将轴封径向间隙调整到安装标准的最小值，在高中压前轴封和高压后轴封轴承箱一侧加装了挡汽板，使高压后轴封漏汽窜入前轴承箱的量以及高、中压前轴封漏汽窜入中间轴承箱的量大为减少。轴承箱处轴封加装挡汽板示意见图 2-11。

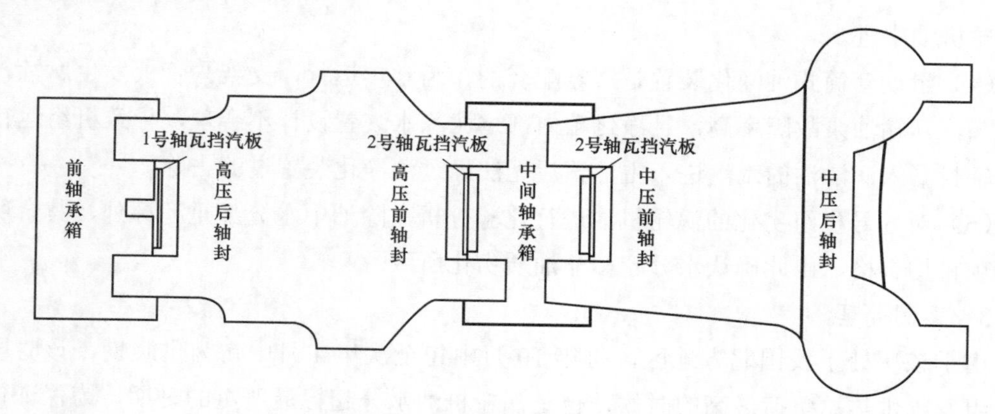

图 2-11　轴承箱处轴封加装挡汽板示意

（3）将轴封供汽单母管（图 2-12）拆分为高、低压轴封供汽两根母管（图 2-13），用各自的供汽调节门分别控制高压轴封供汽压力 15～18kPa、低压轴封供汽压力 60～63kPa。同时，低压侧轴封套采用全周进气。消除了轴封供汽管道布置不合理、低压侧轴

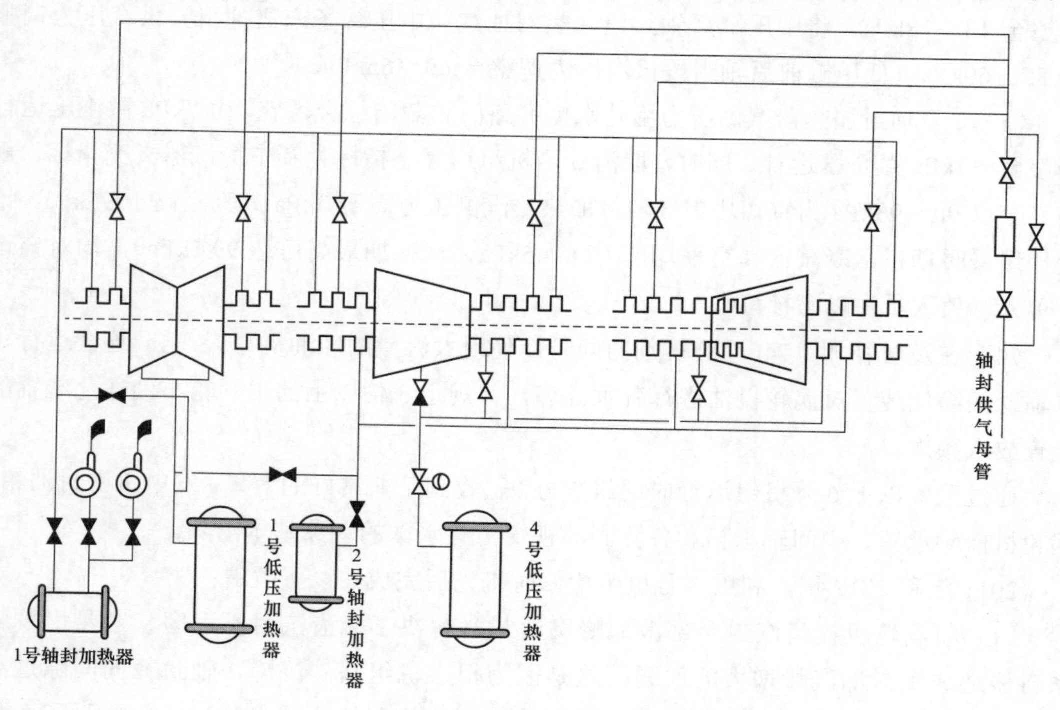

图 2-12　轴封供汽单母管示意

封套非全周进汽及高低压端轴封回汽相互排挤的弊端，提高了轴封供汽压力调整的及时性、精确性，保证了凝汽器真空的稳定性和发电机内氢气纯度的合格率，减少了轴封漏汽量。

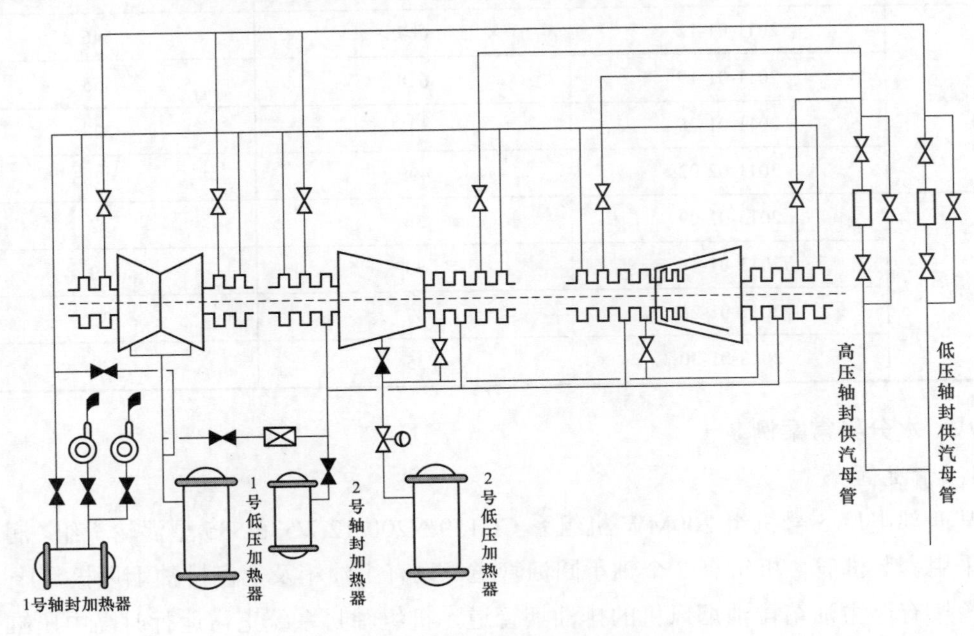

图 2-13　轴封供汽双母管示意

（4）将 2 号轴封加热器由 JQ-65-2 型改为 JQ-100-2 型，增大其汽侧走水量，且在二漏导八抽（二次漏汽导入八段抽汽系统）截门前加装了自动调节装置。经此改造后 2 号轴封加热器水侧旁路门开度固定在了 1/2 位置，同时能随着机组负荷变化精准控制 2 号轴封加热器汽侧压力在 7kPa 运行，减少了运行人员操作量的同时，避免了手动操作容易造成调整不及时，涡轮机油进水的可能性。

（5）将滑动套筒式油净化装置改换成 ZJS-6000-T 型超级真空净油机，提高了涡轮机油在线过滤的功能。新型油净化装置净化速率高，能够有效地清除油中的固态杂质、水分和各种气体，确保涡轮机油满足机组油质的要求。

通过以上运行控制和设备改造，6 号机组涡轮机油水分下降到 40mg/L 以下，达到了国家标准要求。改造前后 6 号机组主冷油器和主油箱油中水分测定结果对比见表 2-53。

表 2-53　　改造前后 6 号机组主冷油器和主油箱油中水分测定结果对比　　单位：mg/L

阶段	时间	主冷油器	主油箱
治理前	2010-11-03	3257	2984
	2010-11-05	7500	7299
	2010-11-08	3530	3468
	2010-11-10	3182	3120

续表

阶段	时间	主冷油器	主油箱
控制期	2011-01-12	667	646
	2011-01-19	618	555
	2011-01-26	541	527
	2011-02-02	499	478
根治后	2013-01-09	36	32
	2013-01-16	33	29
	2013-01-23	37	32
	2013-01-30	35	30

八、水分异常案例8

1．情况简介

某西部电厂5号机组200MW机组系CC159/N200-12.7/535/535型涡轮机组，润滑油系统采用套装油管，机组有7个轴承回油管道，设有主油箱及空侧排油烟风机，1～5号轴承箱接有至主油箱排油烟风机的排油烟管道，机组轴封系统正常运行时高中压缸采用自密封、低压缸轴封采用除氧器供汽密封。

自机组投入运营以来，5号机组6、7号轴承回油管窗经常出现长时间结水珠的现象。尽管经过运行人员的调整以及采用空侧排油烟机管道放水等措施，但问题仍未得到完全解决。此外，机组正常运行时，润滑油油质化验经常因含水超标而受到影响。在机组进行大小修期间，曾发生两次主油箱涡轮机油混浊、含水量超标、润滑油失效的事件，需全部更换为新润滑油。这些问题严重影响了机组的安全运行。

自2010年3月以来，5号机组润滑油的含水超标越来越频繁，且发展至4、5号轴承回油管窗结水珠的现象，具体情况如下：

3月18日上午，化验人员对5号机组主油箱润滑油进行油质取样、检验分析，发现润滑油浑浊、有明水，油质不合格。检查发现4、5、6、7号轴承回油窗有水珠。其后，运行人员即降低5号机组轴封压力运行；检查两台滤油机，运行正常；加强空侧密封油箱排油烟机U形管及主油箱取样门的放水次数。

22日上午，检查5号机组6、7号轴承回油镜尚有水珠，其余回油镜已无水珠，润滑油取样、检验发现油质由以前的浑浊变成半透明，含水量见好转。主油箱油样含水量120.9mg/L，不合格；冷油器油样含水量91.7mg/L，合格。

23日上午，检查发现5号机组4、5、6、7号轴承回油窗水珠明显增加，化验主油箱、冷油器润滑油样，发现油质浑浊，有明水。

当月11日～23日，5号机组运行正常，轴封系统、润滑油系统、排油烟机、滤油机

（2台）运行正常。

机组带负荷情况：3 月 14 日 18:00 前，每日大约一半时间带 180MW，一半时间带 160MW；14 日 18:00～21 日 18:00，5 号机组满负荷运行；21 日 7:30～22 日 12:00 基本是带 160MW 负荷。

2. 案例分析

通过对 5 号机组油汽系统进行分解，分析造成 5 号机组润滑油进水的主要原因有以下几个方面：

（1）轴封径向间隙调整过大，轴封漏汽沿轴窜入轴承室，造成油中带水。机组检修时，为了避免在启动过程中高速转动的轴系因过临界转速振动或转子热膨胀而碰磨轴封尖齿。一般在调整轴封时增大了轴封间隙。在机组正常运行中影响了轴封的严密性，造成了轴封漏汽沿轴窜入轴承室，这是油中进水的根本原因。

（2）轴封冷却器及轴封抽风机工作不正常，正常运行时轴封抽风机不能完全抽走高中压缸轴封漏汽，致使蒸汽沿轴端向外漏汽进入轴承箱油侧。

（3）涡轮机轴承箱浮动油挡运行中磨损，使其间隙增大，使得蒸汽漏入轴承箱增多，致使润滑油带水超标。

（4）主油箱在线滤油机滤网失效，使润滑油中的含水不能快速滤走，这也是使润滑油含水超标的原因之一。

（5）盘车齿轮或靠背轮转动鼓风的抽吸作用，造成轴承箱内局部负压，吸入蒸汽。另外主油箱排烟风机出力太大，使轴承室负压增大，使轴封漏汽，漏出的蒸汽更易进入润滑油系统。

（6）机组停机过程中轴封压力控制不好，轴封漏汽增大，蒸汽沿轴向进入润滑油轴承箱内。

根据以上原因分析，涡轮机润滑油系统进水的最根本原因是蒸汽，即机组的漏汽。如果没有漏汽，油系统就不会存在进水的可能，那么最主要的原因是轴封漏汽量大。轴封漏汽量的大小取决于轴封系统的密封性能。5 号机组的轴封系统设计为梳齿式，高压缸前后轴封、中压缸前轴封均配置了 4 道轴封，而低压缸两侧则均配置了两道轴封。

正常运行时高中压缸轴封自密封，其一挡漏汽回收至 4 号低压加热器，二挡漏汽由调节阀调节排至 1 号低压加热器，维持高中压缸轴封正常的轴封压力，低压缸轴封密封用汽由除氧器供给（机组轴封系统图如图 2-14 所示）。

受西部连续干旱影响，西电东送量减少，导致机组负荷率较高，基本处于满负荷运行状态。自三月份起，调峰机会几乎不存在，机组负荷过高，致使高中压缸的漏汽量显著增加。

从上述记录中可知润滑油含水超标的时间刚好是机组带满负荷的时间段，且机组大修后运行至今已有三年多，平时运行时高压缸前轴封漏汽大，根据现场实际情况看，5

号机组在正常运行的情况下，2 号轴承箱处轴封位置漏汽现象明显，因此可以肯定润滑油含水超标与机组负荷高轴封漏汽量增加有关。从图可知，可调整的手段仅为调整高中压缸轴封压力，所以初步调小轴封二道漏汽压力后，观察油箱润滑油含水情况明显好转，从而印证了轴封漏汽是润滑油油质损坏的原因。

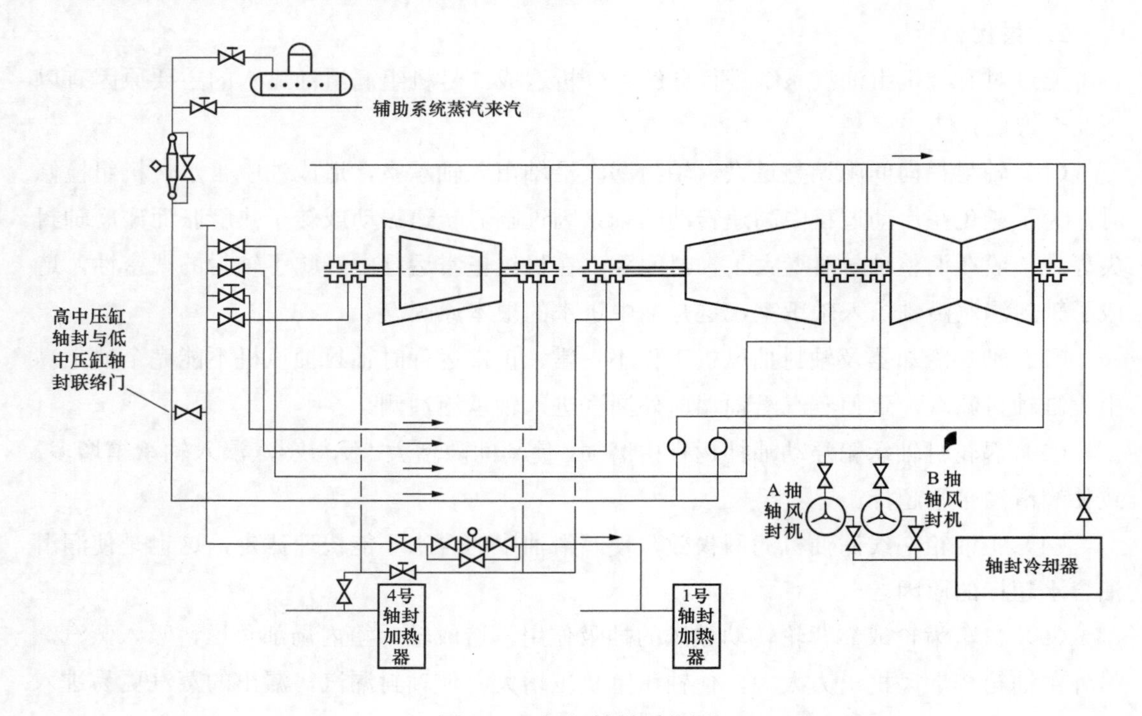

图 2-14　机组轴封系统图

3. 案例处理

综上所述，找到了 200MW 机组润滑油含水超标的原因和解决方案，采取了以下措施：

（1）修改热工保护联锁定值：将高中压缸轴封压力由 8kPa 联开高中压缸轴封与低压轴封电动联络门改为 0.5kPa 联开高中压缸轴封与低压轴封电动联络门。

（2）规定机组正常运行时高中压缸轴封压力由原来的 10kPa 调至 1.5kPa 运行，减小了高中压缸轴封的蒸汽外漏。

（3）将平时运行漏汽比较大的 2 号轴承回油腔室到主油箱排烟风机分门关小，通过减小 2 号轴承回油箱的负压从而减少了从外部吸入水蒸气。

（4）在 2 号轴承箱的高压缸轴封侧加装隔板，防止轴封漏汽直吹 2 号轴承箱，起到阻隔作用，并计划利用机组下次大修机会，彻底消除轴封系统不严密缺陷。

（5）减少主油箱内部负压，将主油箱排油风机出口门关至最小（在保证涡轮机轴承回油畅顺的情况下）。

通过做好上述措施后，机组各轴承回油管窗结水珠的现象没有了，四、五月份润滑油的油质含水指标均合格，长时间困扰 5 号机组 200MW 机组润滑油系统油质含水超标的问题得到了彻底解决，机组的安全性和稳定性得到了显著提高。

九、水分异常案例 9

1. 情况简介

某电厂 2 台 12MW 机组型号为 C12-4.9/0.98 型，形式为次高压、单缸、冲动、调整抽汽式涡轮机，以及 2 台 NG-75/5.3-M 型次高压煤粉炉配套。额定功率为 12MW，抽汽运行时最大功率为 15MW，额定进汽量 87t/h，最大进汽量 115t/h，额定抽汽量 50t/h，最大抽汽量 75t/h，抽汽段数 3 段，1 段抽汽为可调整抽汽，2、3 段抽汽供 1、2 号低压加热器。1 号机组于 1999 年 11 月 27 日投产，2 号机组于 2000 年 2 月 24 日投产。使用的涡轮机油是深度精制基础油并加抗氧剂和防锈剂等调制成的 32L-TSA 涡轮机油。两台机组在运行中常出现油中带水，严重时可以从前油箱观察窗处发现附着于玻璃的水珠，微水含量曾达到 273m/L，大大超过标准，标准为小于 100mg/L。

2. 案例分析

（1）前轴封的作用在于阻止蒸汽沿着转子漏出。前轴封所承受的压差比较大，额定工况时压力为 4.9MPa，对于轴端压力则为大气压。不但压差存在，为了不使动静机件发生碰磨，而总要留有一定间隙，间隙的存在也必然要导致漏汽；漏汽量一般要达到总汽量的 0.5%。由于上述两个原因，很容易使该处的蒸汽沿转子窜入轴承室及前箱，引起轴承温度升高，使油系统中带有由蒸汽凝结而成的水。可见解决油系统中带水的问题关键是消除轴封漏汽。

如果涡轮机高压缸前段轴封间隙调整得不合适，导致轴封供汽从该处沿轴颈窜入轴承室，会造成油中带水，油质恶化。

轴封间隙的调整沿转子轴向分布的规律应是外侧小、里侧大。因为轴封外侧端部距离轴承很近，转子、汽缸垂弧冷热态变化对轴封间隙影响很小，转子过临界转速时该部位的晃度小，不易发生摩擦。即使在发生摩擦的情况下，由于距离支点较近，刚度相对较大，因此不易因晃度大幅增加而导致弯轴事故。而轴封内侧的情况则恰恰相反，这部分轴封间隙在运行状态下的不确定性最大，是易弯轴的部位，因此应该适当调大一些。可见，信号轴封由于在轴封段的最外侧，调得小些对避免轴封漏汽会有关键性作用。

目前来看，检修人员考虑机组启动通过临界转速时发生动静摩擦引起振动，并可能使局部过热造成轴弯曲而尽量将轴封间隙调整到上限。实际上，信号轴封比端部轴封发生动静磨损的概率小，因此信号轴封间隙调整应该接近下限。信号轴封所给出的标准上下限范围过于大，最大达到 0.30mm，这也给检修人员留下了较大的调整裕量。

（2）轴封系统配置存在不合理之处，导致前、后轴封供汽通过同一根母管进行分配，造成供汽分配不均衡的问题。高压前轴封段共留有 2 个腔室，后轴封则留有 1 个腔室。

高压蒸汽漏入前轴封第 1 腔室后被引入第 2 段抽汽加热给水。漏入前轴封第 2 腔室蒸汽与漏入前轴封第 1 腔室的蒸汽再与空气混合，被稍低于 1 个大气压的轴封加热器引走。由于供汽位置在轴端外侧，若它的压力调整不当可能使轴封供汽量大于轴封抽汽量而导致油中带水。

（3）油中带水主要是由蒸汽混入油系统中引起的，但不一定只是轴封漏汽，还有可能是轴承附近的缸体结合面泄漏的蒸汽。结合面包括高压缸结合面、轴封套结合面。

在汽缸受到快速加热和冷却的情况下，特别是在汽缸端部靠近轴封的位置，由于该部位的约束紧固螺栓跨距较大，对汽缸的约束力相较于其他部位明显较弱，因此更容易发生变形。在此部位，蒸汽容易从猫爪内侧凹窝处泄漏，高温蒸汽冲刷到轴承箱上导致油中带水。

轴封套同汽缸一样，在涡轮机的启停和变工况中由于温差的变化出现变形，轴封套变形后将造成轴封段蒸汽泄漏，蒸汽会冲到轴承结合面上。另外轴封套变形后使轴封磨损严重，轴封间隙增大，漏汽量增大。

（4）理想情况下轴承内的压力应该低于大气压，这种负压通常是轴承流出油流的抽吸作用引起的。但是润滑油释放出的大量油烟在高速旋转的转子带动下，在轴承室内扩散，升压会充满整个轴承室，若不及时排出，会从油挡间隙漏出聚集在油挡外造成漏油，故轴承室的负压必须通过排烟机加以保持。但负压不能太大，以防将泄漏出的蒸汽和空气吸入轴承室，这是一个比较矛盾的问题，需要选取合适的负压同时满足两者。负压一般控制在 117.72～294.30Pa，具体应根据各瓦的实际情况进行调整，选择最佳工作压力。

（5）缺乏有效的脱水滤油设备虽然不是造成涡轮机油中带水的根本原因，但是也为机组的安全稳定运行留下了隐患。

3. 案例处理

（1）轴封间隙的调整应该严格执行质量工艺标准。考虑到影响轴封间隙的因素很多（包括上下缸温差、转子偏心、轴瓦磨损下沉等多方面），将轴封间隙信号调整范围控制在 0.10～0.15mm。在实施具体的检修操作时，务必要确保轴封间隙调整测量的工艺方法合理规范，不能仅凭一次橡皮膏的粘贴就做出间隙值的判断。应当在有擦痕和无擦痕的层数之间进行比较，以准确确定轴封间隙的范围。同时，在调整信号轴封间隙时，应尽量使其向下限靠拢，并使圆周间隙分布呈现出椭圆形。

（2）经过改进的轴封系统，其管径配置已基本符合标准，能够确保高压侧的泄出、低压侧的供应以及密封的稳定性。此外，前、后轴封的供汽管路上已加装了阀门，以便单独进行操作，从而有效保证该设备的真空严密性。

（3）汽缸结合面的修刮执行质量标准：汽缸每间隔一条冷紧，塞尺塞不入深度不超过 1/3，且不得超过 0.03mm。修刮方法：首先进行空扣缸操作，彻底刮开结合面；然后拧紧螺栓寻找硬点，由硬点中心向外逐渐扩大修刮面以增大接触面积。对于汽缸变形量大的部位，采取局部补焊的方法进行处理。

（4）对排烟系统进行了改进，使管路布置趋于合理清晰。在排烟风机的入口阀门加装了节流孔板，机组运行后调整负压维持正常。

（5）采取有效的滤油设备也是保证涡轮机油质合格的重要手段。为此，还对滤油机进行了改造。将原来的压力式滤油机改为 JSB-2KY 真空式滤油机，该装置具有预过滤和精过滤双重设计，保证了精密过滤和高效脱水双重功能。同时取消了不必要的截门和管路，简化了滤油系统，增强了涡轮机油的循环倍率，使改造后的滤油品质上升了一个等级，取得了非常显著的效果。

（6）将前轴封与前箱之间加装一台鼓风机，将前轴封漏汽从前轴封与前箱的间隙处吹走，能有效防止蒸汽沿该处进入前箱。

通过上述改进，从各瓦回油室看油窗玻璃上已经看不到水珠，也不需要定期进行放水。油中微水含量为 52mg/L，完全合格。

十、水分异常案例 10

1. 情况简介

某发电厂 3 号涡轮机是 N300-16.7/537/537-7 型机组，为亚临界一次中间再热、单轴、两缸两排汽凝汽式涡轮机，配套使用 QFSN-300-2-20B 型发电机，其冷却方式为水-氢-氢的冷却方式。因此在长周期的连续运行中，出现了 3 号涡轮机油中带水的问题，并引起发电机氢气露点连续超标，对机组的安全运行构成威胁。

2. 案例分析

3 号涡轮机高、中缸汽封采用的是蜂窝汽封与布莱登汽封组合，低压缸汽封采用蜂窝汽封。蜂窝汽封（构造见图 2-15）的优点是能有效地吸收蒸汽中的水分，保护动叶片免受水力的冲击，延长叶片的使用寿命，而且能保护低压缸轴封的真空严密性。另外在同样的压力和间隙条件下，与传统梳齿汽封相比，可减少 30%～40%的漏气损失。其缺点是汽封间隙较小，机组振动时容易与大轴发生摩擦，造成汽封间隙增大。布莱登汽封（构造图见图 2-16）的优点是能有效避免机组启停时，转子过临界转速引起的振动摩擦。其缺点是顶起弹簧容易卡涩，汽封块退让不动，造成汽封漏汽。因 3 号涡轮机长周期运行，大轴与汽封有一定的碰磨，再加上布莱登汽封可能存在弹簧卡涩问题，造成高、中、低压缸的汽封间隙逐渐增大，这是该厂 3 号涡轮机油中带水的主要原因。

图 2-15 蜂窝汽封构造

图 2-16　布莱登汽封构造

3 号机润滑油系统与密封油系统是连为一体的（密封油系统见图 2-17），润滑油经润滑油冷油器冷却后，进入密封油主油箱，再经密封油泵送至密封瓦，回油在除去氢气和油烟后再回到润滑油主油箱。密封油系统不单设冷油器，而是利用润滑油冷油器对密封油进行冷却。由于润滑油含水量增加，而密封油又是与氢气直接接触的，使发电机氢气的湿度不断增大，这是引起发电机氢气露点超标的根源。同时由于密封油中含水量大，造成密封油真空泵工作油乳化过快，引起密封油箱真空下降，无法及时抽出密封油箱内的蒸汽，使得密封油中含水量进一步加大，造成发电机氢气露点恶化加剧。密封油真空泵因工作油乳化后，电流从正常 2.4A 逐步上升至 3.5A，在更换其工作油后，电流逐步降至正常。

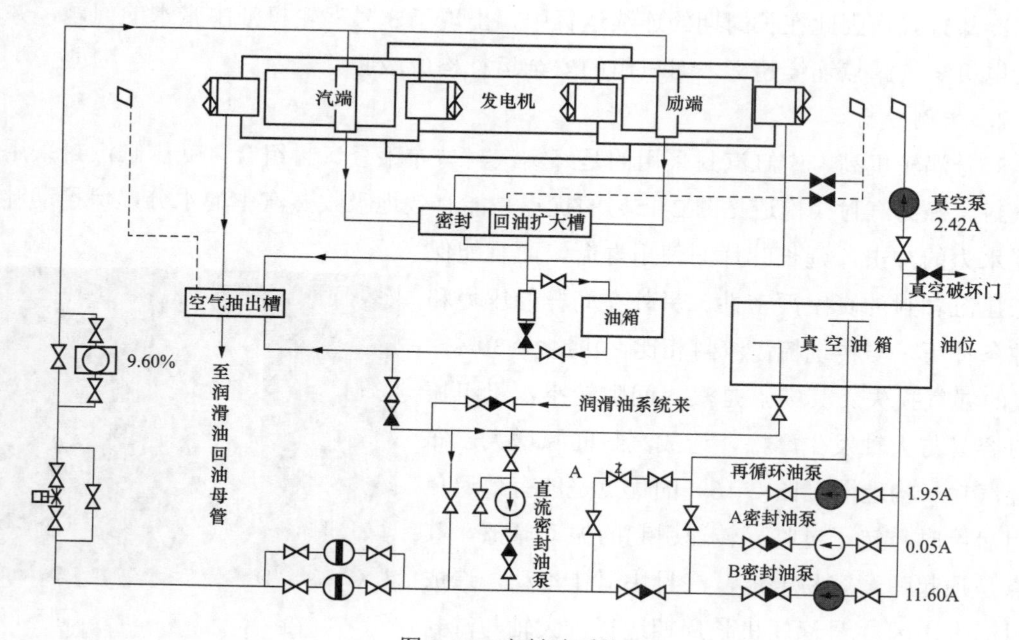

图 2-17　密封油系统

3 号机轴封供汽是采用的辅汽汽源。高、中压轴封供汽温度要求达到 240℃以上，由于辅汽压力随机组负荷变动，辅汽温度也波动较大，往往达不到设计要求，从而使高、中压轴封供汽中带水。在负荷稳定的情况下，辅助蒸汽的温度与轴封母管的温度相近。然而，当增加负荷后，辅助蒸汽的温度明显低于轴封母管的温度。在这种情况下，高、低温度蒸汽混合时就容易导致带水现象的产生。再加上轴封供汽母管管道存在一定的死区（轴封系统见图 2-18），增加了轴封带水的概率。

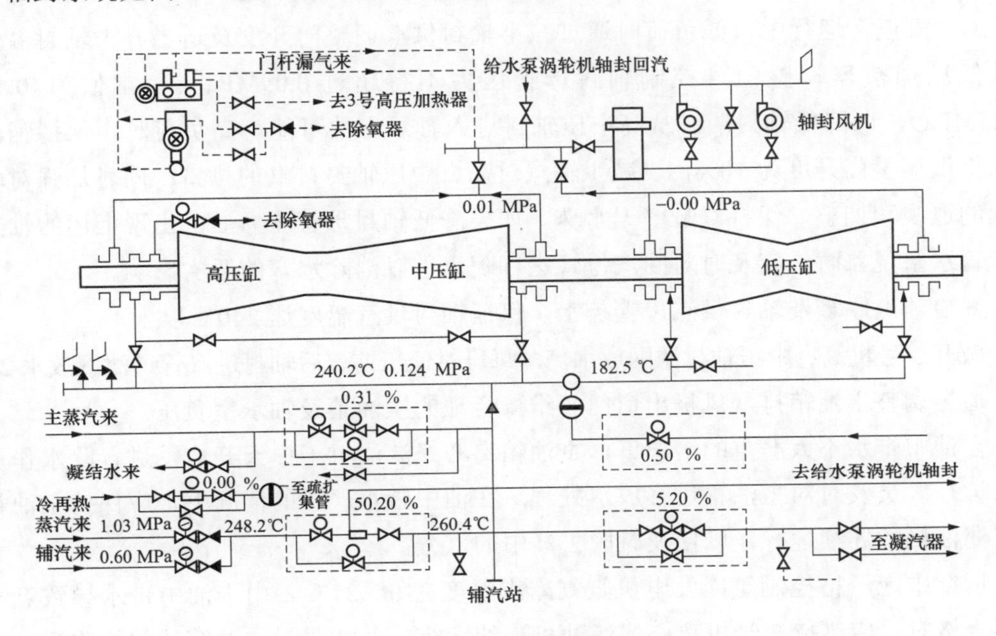

图 2-18 轴封系统

主油箱排烟风机是抽出主油箱内烟气、水蒸气及不凝结气体，维持主油箱的微负压，以保证回油的畅通。排烟风机运行时，要求主油箱内负压应维持在－196Pa 至－245Pa，轴承箱内负压应维持在－98Pa 至－196Pa。当排烟风机出力大时，主油箱负压过高，易造成油中进水。

运行中曾发生过低压轴封减温水（凝结水供），因为凝结水泵由变频倒换至工频运行时压力升高，加上减温器破损、减温水雾化效果不佳，引起低压轴封带水较多，从而引发油中带水的事件。

在投入轴封系统后，如果回汽管道疏水不畅，可能会导致管道振动，甚至有可能使轴封进水，严重时可能会引发机组振动过大，从而危及机组的安全。另外，如果由于疏水不畅导致轴封回汽管道形成水塞，还会使得轴封供汽不良，以及导致轴承室处出现轴封冒汽大和油中带水情况加剧的现象。具体表现为：轴封供汽母管压力偏高，轴封进汽分门开度偏大，但凝汽器真空状态不正常或轴承室处冒汽较大。为了解决油中带水的问题，需要降低轴封供汽母管压力。然而，这种做法会导致低负荷下凝汽器真空度偏低，因此需要同时运行两台真空泵。然而，两台真空泵同时运行会导致厂用电量增加，从而使整个运行过程得不偿失。

3. 案例处理

运行人员在开停机时，通过控制母管压力和轴封供汽各分门对轴封各段供汽量进行分配调整。开机时注意对轴封供汽和回汽管道的疏水，确保管道无积水，以免引起回汽不畅，排挤高中压轴封漏汽，造成高中压轴封处漏汽进入轴承室。

3 号机正常运行中，低负荷时通过减小轴封供汽调整门开度及适当开大轴封溢流至 8 号低压加热器调整门，控制轴封母管压力不得超过 0.09MPa（正常值为 0.12～0.125MPa），以降低轴封漏汽从高中压轴封进入轴承室的可能。高负荷时，保持辅汽至轴封供汽调整门开度为 10%，以减少辅汽对高、中压轴封排汽的排挤；同时加强对轴封冒汽的巡视和调整，保持汽缸壁无水珠。如果降低轴封母管压力后，出现上述的轴封回汽母管水塞现象时，应及时对回汽母管进行疏水，以消除水塞的恶劣影响。

开启辅汽联箱及轴封供汽母管疏水，保证轴封供汽温度达 240℃以上。

微开 3 号机高、中压轴封滤网放水门，每班对低压前、后轴封进汽管道滤网放水 2 次。

通过调整主油箱排烟风机出口门，维持合理的主油箱及轴承室负压。

在油中带水不太严重的情况下，主油箱离心式滤油机于白天开启，进行除水作业，并由运行人员及时对主油箱进行放水处理。在油中带水严重的情况下，应保持主油箱离心式滤油机的连续运行，以便及时脱去油中的水分。

运行中应严格控制氢冷发电机氢气露点温度在 0～25℃。由于油中带水导致氢气露点不合格时，应维持 3 号机离心式滤油机连续运行，并加强对主油箱油位的监视。加强对氢气干燥器、发电机底部的排污，并且排污要彻底。

密封油箱真空维持在－85kPa 以上，密封油真空泵性能变差后应及时更换新油，以增强对油中水分的去除作用。

针对轴封回汽母管带水的问题，需要进行化学强化监测，尤其是对 3 号机油、水和氢气露点的监测。一旦发现带水情况加剧，应立即采取有效措施进行控制。

经过上述的分析及调整后，3 号机油中带水情况得到控制，氢气露点也恢复正常，消除了 3 号机的安全隐患，为长周期运行提供了有力保障。

十一、水分异常案例 11

1. 情况简介

某公司 1～4 号涡轮机机组为 N200-130-535/535 型超高压一次中间再热机组。多年以来，随着机组运行时间的延长，1～4 号机组均不同程度地存在着油中进水现象，而这种状况在近年来更加严重。特别是 4 号机组，在近期进行的化学油质检测中，油中带水达到 200～300mg/kg，这大大超出了规程规定的控制范围，对机组的长周期安全经济运行产生了很大影响。

2. 案例分析

各台机组自投产以来，为减少涡轮机轴端漏汽造成的油中进水现象，对轴封系统汽封片结构形式及材质均进行了多次的变更和改进。从早前的梳齿镶片式汽封、斜平齿汽封到如今各台机组分别安装的布莱登汽封、蜂窝式汽封等。虽在一定程度上减少了油中含水量，但还是没有从根本上彻底解决这个问题。一方面，高中压汽封片所接触的高温、高压蒸汽，对其材质要求极高；在高温下，汽封片材质过差，将易产生脆化，在机组长期运行当中，高中压汽封片容易断落和倒伏，从而使轴封漏汽量大大增加。另一方面，在检修安装汽封片时，为保证涡轮机在运行中大轴与轴封片不产生动静碰磨而损坏轴系，在实际安装时均人为地将安装间隙放大，这势必造成轴封漏汽量增大。

200MW 涡轮机轴封高压缸前（包括高压内外缸间轴封）有六挡，高压后及中压缸前轴封均为四挡，中压缸后及低压缸涡轮机低压部分轴封均为两挡。在先前轴封系统设计布置时，高压缸前后及中压缸前轴封均为第三挡进汽，一、二、四挡泄汽；低压轴封均为一挡进汽，二挡泄气。轴封汽源有两路，一路为机组启动、停运和异常情况下的高厂联箱汽源；另一路为机组正常运行中的除氧器汽源。这种布置方式，在机组运行当中即使完全关闭了高压部分轴封供汽，而高压部分轴端漏汽依然很大。为了有效降低高压部分轴封漏气，减少油中带水，充分利用和回收轴封漏气能量，公司利用机组大修对四台机组轴封系统进行了改进。改进后的轴封系统，在机组启动、停运和异常情况下的轴封供汽仍由高厂联箱汽源供给。在机组正常运行中，负荷 100MW 左右则逐步倒换由高压部分轴封二挡泄汽来满足低压部分轴封所需供汽量。这种改进在一定程度上减少了轴端漏汽，提高了机组整体经济性，但机组油中带水问题依然未得到缓解。

随着各台机组轴封系统的改进，各机组轴封泄汽系统也进行了相应的改进。高压部分轴封一挡泄汽基本未进行改动，还是倒至 5 号轴封加热器和 6 号轴封加热器。通过观察，当机组负荷在 200MW 时，5 号轴封加热器抽汽压力为 0.35MPa，6 号轴封加热器为 0.14MPa，而轴封一挡泄汽压力为 0.29MPa。这就是说，随着机组负荷增加，若轴封一挡倒至 5 号轴封加热器将存在泄汽不畅现象。高中压主汽门、调门门杆二挡漏气与高压轴封末挡泄汽以及低压轴封末挡泄汽在系统改造前均连接在一条管路上，由于门杆漏气极高、低压轴封泄气压力不同，在调整时既要保证轴端不冒汽，又要保证低压部分轴封不吸气，在调整时存在很大难度。系统改进后，遂增设了高、低压末挡泄汽门，但泄汽系统存在的问题仍未被彻底解决。

为了使机组各轴承回油通畅，产生油烟能及时排出，对涡轮机抽油烟系统进行了改进。在涡轮机 1～5 号轴瓦回油管上加装了抽油烟管路。这次改进，在很大程度上保证了机组各轴瓦冷却及轴承润滑油温、油膜稳定。但在运行中，由于各轴瓦间油压、油量、回油管径、管距等各方面的问题，轴承回油管负压的调整操作很难把握。负压调整过低将难以保证各轴承回油通畅以及轴系运行的稳定，负压调整过高将使轴颈轴封漏气窜入轴承回油管路，加大油中水分含量。

涡轮机油主冷油器在正常投运后，由于内部管材以及运行操作等各方面原因，使冷油器内部发生泄漏。冷却水进入油侧造成油中带水。另外，在机组运行中，主油箱放水检查不及时以及滤油机运行异常等原因，均可能导致油中含水量增大。

3. 案例处理

对于轴封结构材质问题，可借鉴其他 200MW 机组成功经验，选用适合机组的轴封材质及形式。另外，要提高检修技术水平及质量，调整合理适当轴封间隙，减小轴封漏汽。对于轴封泄汽系统，将轴封一挡漏汽至 5 号轴封加热器管道进行改接，保证轴封一挡泄汽通畅。同时将高中压主汽门、调门门杆二挡漏气与高压轴封末挡泄汽以及低压轴封末挡泄汽分别接入轴冷系统，以保证各高低压泄汽互不排挤。必要时还可对高压轴封三挡加装泄汽管路。在变负荷工况下，加强轴封供汽压力监调，使轴封供、泄汽压力均能自动正常投入，且保持运行稳定，跟踪良好。

在各轴承回油管路抽油烟管道上加装控制阀门以及轴承回油管负压检测仪表，根据轴承回油管负压仪表指示，合理调整各轴承抽油烟管道阀门开度。一方面，保证轴承回油通畅，油烟能够顺利排出；另一方面，无论机组在何种工况下，均能保证轴承回油管负压在合理范围内，不会造成由于负压过高而使轴封漏汽窜入油中。

保持冷油器油压大于冷却水压，启停循环泵操作时应严格执行操作规范，避免冷却水压瞬间升高造成冷油器内部管件损坏，从而造成油中进水。在机组运行中，还应定期进行冷油器放水、放油检查，发现冷油器泄漏，应及时分析判断原因，确定异常设备后，尽快进行冷油器的切换、隔离工作。保持滤油机的正常连续运行，加强运行中主油箱定期放水以及化学油质检测工作。

十二、水分异常案例 12

1. 情况简介

某公司配置了 2 台 600MW 超临界燃煤机组，这些机组具有高效、环保的特性，能够满足高负荷、大功率的运行需求。机组内部采用了先进的燃烧技术和控制系统，确保了燃煤的充分燃烧和能源的高效利用。同时，排放也达到了国家标准。

为了满足机组运行的需求，该公司采用了 2 台 50%汽动给水泵和 1 台 30%电动调速给水泵的配置方式。这些水泵都采用卧式布置，筒体式结构。这种结构能够保证水流顺畅，减少水力损失。同时，水泵的出口压力约为 30MPa，这种高压能够保证水流在输送过程中的稳定性和可靠性。

主泵轴封采用了迷宫密封形式，这种密封形式具有较好的密封性能和稳定性，能够有效地防止水分和杂质进入泵内。同时，迷宫密封的设计也能够减少磨损，延长了泵的使用寿命。

在 1 号机整体启动和“168”试运期间，三台给水泵都发生过大量进水的情况。这种情况可能是由于安装或调试不当导致的，也可能是由于操作不当或自然因素引起的。但是，通过及时滤油脱水，没有造成烧瓦和重大设备损坏的情况。

2. 案例分析

在设备启动并经过几次启停后，电动给水泵出现了严重的油中带水现象。尽管按照相关要求进行调整，但效果并不显著，没有根本性的改善。在检查电动给水泵的过程中，使用红外线测温仪发现电动给水泵驱动端的回水温度为63℃左右，自由端的回水温度为54℃左右，驱动端比自由端的回水温度高出约 9℃。由此推断，电动给水泵驱动端的迷宫密封存在问题。

为解决这一问题，采取了进一步加大密封水差压的措施，使其达到 120～140kPa，虽然有一定的效果，但并未根本性地解决。经过对电动给水泵轴封进行深入的分解检查，发现驱动端的静密封圈存在明显的损坏现象，这直接导致了泵内的给水出现泄漏，并进一步进入回水系统。更换密封圈后，问题得到了很好的改善。

经过上述处理，三台给水泵在一段时间内运行稳定，但随后又出现了一些新的情况。在密封水回水挡水环和轴承挡油环之间存在一个过渡腔室，该腔室通过一个呼吸器与大气连通，并在下方设有一个ϕ20mm 的放水管。当少量水汽从挡水环窜到该腔室时，会通过放水管排到水泵底盘上流走。但是，如果从轴封挡水环窜过来的汽水量大、水温高，汽水就容易进入轴承室。在水泵运行中出现过过渡腔室的呼吸器和放水管大量冒水的现象，此时油中容易进水。观察密封水差压并没有大幅波动，回水温度也正常约为 45℃。根据现象分析，问题可能出在迷宫密封间隙过大或挡水环设计不合理上。

3. 案例处理

在设备停机期间，汽动给水泵的轴封被进行了解体，其间隙也被进行了测量。经过精确的测量，发现迷宫齿与轴套的总间隙为 0.51mm。然而，根据亚临界机组配套给水泵的常规标准，这个间隙应该被控制在 0.40～0.45mm。

为了将轴封间隙调整到更理想的范围，对其进行了以下两个方面的改造措施：①通过精细的调整，将轴封间隙减小到了 0.42mm。②对挡水环的结构进行了改进。具体来说，就是将挡水环的密封齿从原来的四道增加到八道，同时细化了密封齿的规格。此外，为了进一步增强轴封的稳定性，对轴封锁紧螺帽也进行了一系列的适应性改造。改造后的轴封间隙调整和挡水环结构如图 2-19 所示。

经过这一系列改造后，给水泵的润滑油再也没有出现油中带水的现象。这一改造不仅彻底解决了给水泵轴端的密封问题，还为整个设备的安全稳定运行提供了强有力的保障。改造后的给水泵，其轴端密封效果得到了显著提升，确保了设备的长期稳定运行。此外，改造过程中所采取的措施也保证了润滑油的纯净度，使得油中不再带有水分，进一步延长了设备的使用寿命。这一改造的成功实施，不仅提高了设备的工作效率，还为整个生产流程的稳定运行奠定了坚实基础。

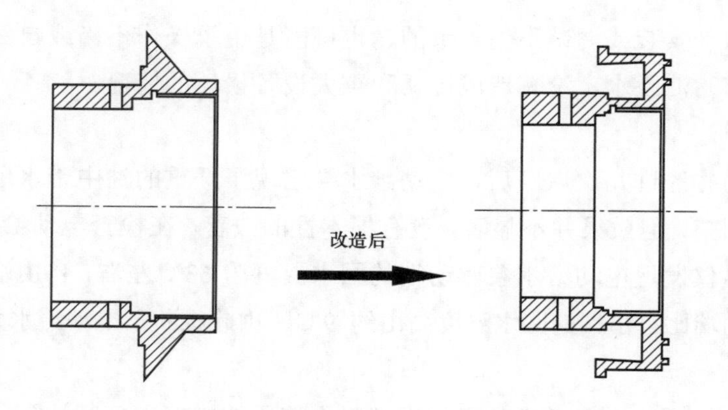

图 2-19　改造后的轴封间隙调整和挡水环结构

十三、水分异常案例 13

1. 情况简介

某公司安装使用 CC50-8.83/3.92/1.37 型高压、单缸、冲动、双抽凝汽式涡轮机，共 6 级抽汽，油系统中使用的是壳牌多宝 46 号涡轮机油。机组配套 2 台 HG-130/9.8-L.YM20 型循环流化床锅炉。机组采用分散控制系统和数字式电液调节系统共同控制。投运后逐渐出现油中进水现象，且此现象一般在高负荷下发生，特别抽汽投入后尤为明显。前汽封排热量明显增大和中压抽汽调节阀后汽缸保温处出现滴水现象，并且发现机头箱观察口附着于玻璃的水珠，油箱油位明显有上升趋势。轴承回油逐渐呈乳化状态，正常情况下乳化的油料可以重新分离成油和水，但乳化的油料被氧化后就变成永久性的乳化油，它将使润滑功能发生问题，并导致调剂系统各部件的腐蚀。严重时一些锈蚀物会进入机组保安系统造成撞击滑阀或按钮卡涩从而引发事故。为了能够避免机组油系统出现上述严重后果，工作人员加强了主油箱的放水和滤油，另外调低轴封供气压力，加大汽封加热器排汽。

2. 案例分析

涡轮机油中进水究其原因有二：一是涡轮机润滑系统的冷油器是表面式列管换热器，由外壳、水室、管板和列管等组成，流经管程的冷却水带走壳程的温度相对较高的润滑油中的热量，起到冷却润滑油的作用。冷油器两端的水室管板与列管间通过胀接方式连接。由于管道腐蚀和冷油器振动等原因造成冷却水管道出现砂眼或胀接处出现松动，加之工艺参数调整不当，引起冷却水进入冷油器壳程，随之进入油箱造成机组油中带水。二是机组启停过于频繁，大范围调整负荷甚至甩负荷现象时有发生，造成机组轴端汽封受损，汽封间隙加大使漏汽量增大，高压端尤为明显。高压缸轴封（端部汽封）的作用在于阻止蒸汽沿着转子漏出。在高压缸端部汽封处，由于压差较大，为避免动静机件发生碰磨，需留有间隙，但这会导致漏汽，一般漏汽量要达到总汽量的 0.5%。此外，为保持回油畅通，轴承室内呈现略负压状态，使得该处的蒸汽容易沿转子窜入轴承室，导致轴承温度升高，同时使油系统中带有蒸汽凝结而成的水。因此，解决油系统中带水问题的关键在于消除轴封漏汽。

如果涡轮机高压缸前段轴封间隙调整得不合适，导致轴封供汽从该处沿轴颈窜入轴承室，也会造成油中带水，使油质恶化。该机组前汽封有两种类型，根据间隙量较小的汽封安装在外侧，间隙量较大的汽封安装在内侧的原则，因为轴封外侧端部距离轴承很近，转子、汽缸垂弧冷热态变化对轴封间隙影响很小，转子过临界转速时该部位的晃度小，不易发生摩擦。

即使在发生摩擦的情况下，由于该部位距离支点较近，其刚度相对较大，因此不会因晃度剧增而导致弯轴事故。然而，对于轴封内侧的情况，其汽封间隙在运行状态下的不确定性最大，因此是易弯轴的部位。为了防止这种情况的发生，应该适当调大汽封间隙。由此可见，轴端汽封由于位于轴封段的最外侧，因此调小一些对避免轴封漏汽具有关键性的作用。

此外，轴封系统的配置存在不合理之处。高、低压轴封供汽均源自同一根母管，此举容易导致供汽分配不均的问题。这种配置可能会导致轴封系统的运行不稳定，并且可能增加维护和修理的难度。因此，建议对轴封系统的配置进行优化，以解决供汽分配不均的问题。

该机组高压前轴封段共留有 5 个腔室，后轴封则留有 2 个腔室。汽封蒸汽分布见图 2-20。

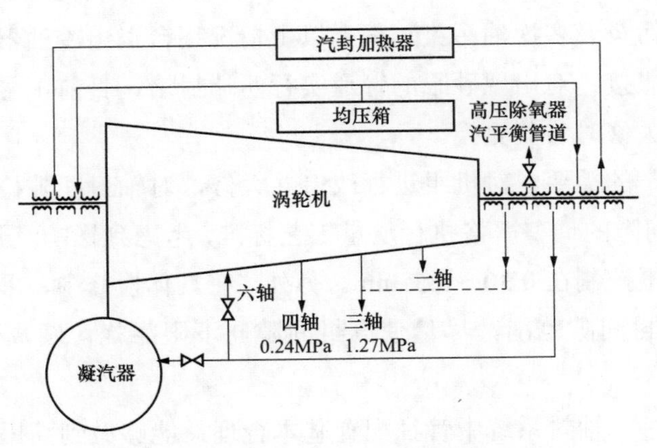

图 2-20 汽封蒸汽分布

前汽封漏出的蒸汽通过均压箱供汽管进入低压后轴封，被稍低于一个大气压的轴封加热器引走。若它的压力调整不当，可能使轴封供汽量大于轴封抽汽量而导致汽封漏汽使油中带水。故通常情况下均压箱压力在 0.02～0.035MPa，汽封加热器为略负压状态。

从外部引入的低温蒸汽首先进入均压箱，因此被分配成两根支路。其中一根直接通向高压前轴封第 4 腔室；另一根则是后轴封。前、后轴封的供汽压力显然不能做分别调整，只能通过均压箱进口的轴封压力自动调整门统一调整，流量则由预先设计好的管道尺寸决定。从整台机组来看：高、低压轴封联在同一母管的系统造成压力难以分别调整，即使是用轴封调整总门进行调节，也易使高压缸部在高负荷时漏汽，通常通过调整三段轴封漏汽去凝汽器或六抽阀门来减少蒸汽外漏，并打开第 2 腔室去高压除氧器汽平衡阀门进行泄压。

对轴封冷却器也应该进行解体检查，重点是其迷宫型水封在真空相对较低时蒸汽凝结水不能及时送到凝汽器，造成水位过高影响换热以致影响抽汽能力，使轴封的排汽不畅，从而引起轴封漏出蒸汽。

油中带水主要是由蒸汽混入油系统中引起的，但不一定只是轴封漏汽，还有可能是轴承附近的缸体结合面泄漏的蒸汽。结合面包括高压缸结合面、轴封套结合面、主蒸汽管道法兰接合面。汽缸在受到快速加热和冷却时，尤其是汽缸端部靠轴封处，由于该部位的约束紧固螺栓跨距大，对汽缸的约束力明显弱于其他部位，因此最易发生变形。中低压缸接合面如果用法兰连接，一旦膨胀不均会造成上下缸大法兰接合面处产生漏汽。

3. 案例处理

该机组润滑油系统共有 3 台冷油器，通常两开一备，冷油器工艺指标油压在 0.25～0.35MPa，循环水压力为 0.20～0.25MPa，回水压力在 0.09～0.14MPa，自运行以来，1 号冷油器出现过渗漏现象，曾检修过一次。由于该机组循环水系统于 2008 年在回水管道上安装了循环水回水风机，而试车期间循环水进口压力达到 0.47MPa，回水压力达到 0.28MPa 之多，并且压力波动剧烈多频，故近两年 1、2 号冷油器多次出现漏油漏水现象，造成两次循环水被污染及多次油污染。根据以上情况逐台退出冷油器排查漏点，对胀口松动现象进行重新胀接，对出现砂眼的管道实行两端封堵，目前 1 号冷油器封堵管道较多，故计划在机组大修时将其更换。

由于大系统生产的需要，对机组进行改造并大修，对轴封间隙检查发现确有损坏现象，安装时对轴封间隙的调整严格执行质量工艺标准，考虑到影响汽封间隙的因素很多，将汽封间隙调整范围控制在 0.30～0.55mm。另外，在具体检修中，采取多次扣缸判断间隙值，准确确定轴封间隙范围，尽量使汽封间隙向下限靠拢，圆周间隙分布调成立椭圆形。

轴封系统的改进，轴封系统中管径配置基本合理，能够做到高压侧泄得出，低压侧供得上、封得住，其他改动如下：

（1）前轴封的供汽管路和后汽封管路上加装阀门。

（2）为解决机组运行时汽平衡蒸汽倒灌入汽封造成汽封漏汽量增大，将二段漏汽管道分出一路引入四段抽汽管道，最终进入 3 号低压加热器。同时，在管道上安装压力表，根据压力状况判断投入高压除氧器汽平衡管道或投入四抽管道。由于蒸汽量不足，机组负荷基本在 31～33MW，抽汽量合计在 90t/h，第二腔室压力为 0.23～0.27MPa，汽平衡管道压力为 0.5MPa 左右。改造后，将第二腔室漏汽送入四抽管道，前汽封漏汽量明显减小，油箱油位基本保持稳定。

在维修期间，汽缸结合面的修刮执行质量标准为：高压缸接合面在冷紧后应达到0.03mm塞不入，且塞入深度不得超过1/3。在修刮过程中，采用空扣缸的方式彻底刮研结合面，并使用拧紧螺栓的方法寻找硬点，然后由硬点中心向外逐渐扩大修刮面以增大接触面积。

关于轴封套中分面的刮研，首先拆下所有的汽封块，然后清理打磨干净汽封块槽道的锈蚀物和盐垢。修刮汽封套中分面后，需要清除中分面间隙，当0.05mm塞尺无法塞入时视为合格。接下来调整轴封套的凹窝中心；装配新的汽封块，并认真调整汽封块的径向间隙、膨胀间隙。最后，在装轴封套时，将轴封套轴向与汽缸凹槽配合间隙调整为0.03～0.05mm。

采取有效的滤油设备也是保证涡轮机油质合格的重要手段，为此，安装了一台真空式滤油机，该装置具有预过滤和精过滤双重设计，保证了精密过滤和高效脱水双重功能实现实时在线过滤，增强了涡轮机油的循环倍率，使改造后的滤油品质上升了一个等级，取得了非常显著的效果。

通过以上改造，基本控制住了油箱油位的变化，回油视镜中水珠消失，汽封漏汽量减小，中调门处漏汽现象消除，油箱放水量大大减少甚至无水放出，微水含量为80mg/L，完全合格。

（1）运行人员根据机组负荷的变化，通过控制均压箱压力（0.0276～0.0320MPa）和温度（160～172℃），再适当调整第3腔室压力，达到的控制效果较为理想。

（2）轴封腔室的压力检测对机组安全运行至关重要，它能指导操作人员根据不同负荷或运行工况及时调整轴封蒸汽分布，实现安全运行的目的。

（3）采取高效的滤油设备，对保证涡轮机油质起到了不可忽视的作用。

总之，通过对冷油器进行检修和轴封系统进行改造，对缸体结合面进行精心修刮，以及对轴封间隙进行精心调整，加之采取有效的滤油设备，真正对机组防止油质乳化便于运行操作起到关键作用，具有一定的意义。

十四、水分异常案例14

1. 情况简介

某发电厂1、2号涡轮机及发电机均为10万kW发电设备，涡轮机型号为N（C）100-90/535，发电机型号为QFS-100-2。涡轮机形式为双缸、冲动、抽汽供暖、冷凝式，转速为3000r/min。涡轮机本体主要由前轴承箱、高压缸、低压缸3部分组成。低压缸为双分流式，有两个排汽口。高低压转子以半挠性联轴器连接，低压转子通过半挠性联轴器直接带动发电机。高压转子装有1个双列速度级，前11级为整段叶轮，后4级为套装叶轮。该低压转子采用对称布置，每侧均装有2×5个压力级，且每个压力级均套装有叶轮。高压缸由前后两部分组成，在其垂直结合面上用螺栓连接在一起。高压缸前后各有

1对由下法兰延伸出来的猫爪，分别搭在前轴承箱和低压缸上。高压缸前部有4个汽室，每个汽室上各装1个调速汽门，每个调速汽门控制着1组喷嘴，1、2号调节汽门各控制17个喷嘴，3号调节汽门控制着16个喷嘴，4号调节汽门控制着7个喷嘴。涡轮机的纵销和低压缸上的横销有一死点，通常称此为涡轮机的死点。汽缸只能以死点为中心，向前后左右方向膨胀。低压缸为双分流式，由1个浇铸成的中部和前后两个用钢板焊接的排汽缸组成，3个部分用螺栓连在一起。凝汽器与低压缸排汽部分焊接在一起。在高压缸至低压缸的两根导管上，各加装1个ϕ900mm的蝶阀。蝶阀前两根导汽管之间加装ϕ700mm的连通管，并在连通管上接有ϕ700mm的抽汽管。本机共有8个轴承，1～6号瓦为椭圆形轴承，7、8号瓦为圆筒形轴承，其中1号瓦为推力支持联合轴承。涡轮发电机组的盘车装置是摇摆式电动机械高速盘车装置，额定转速为42r/min。油系统容积为14m^3，主油箱有效容积为11m^3，辅助油箱容积为1.8m^3。在正常运行状态下，调速油压应保持在1.96MPa，1号射油器出口油压为0.098MPa，以确保主油泵的正常工作。同时，2号射油器出口油压应为0.25MPa，并由溢油阀保持0.08～0.1MPa的压力向润滑油系统提供油源。

为减少机组在启停时轴瓦磨损及盘车的启动力矩，涡轮发电机组在1～6号瓦均设有高压油顶轴装置，顶起油膜厚度为0.04～0.06mm。为合理控制涡轮机启停时的热应力、热膨胀和热变形，涡轮机设有高压缸法兰螺栓加热装置，以满足机组快速启动。

自双机投产以来，1、2号机的润滑油均出现水分超标的现象，且发生过几次严重的润滑油乳化现象。

2. 案例分析

从该厂涡轮机的启动、停机及正常运行的各阶段来看，涡轮机油中水分的来源主要有以下几个方面：①涡轮机运行中轴封汽压偏高，轴封可能出现冒汽现象；轴封回汽不畅，轴封加热器疏水器失灵，导致轴封汽进入润滑油系统。②涡轮机轴瓦密封控制不良，密封间隙过大，导致进水汽。③润滑油冷油器出现渗漏现象，使冷却水进入润滑油系统。④运行中润滑油系统排烟效果不好，在环境温度较低时，部分含水油烟进入油系统；或补油时将水带入油系统，使润滑油水分偏高。以上几类原因在机组正常运行时均有可能导致油中水分增大，时间长了油就有可能乳化。

冷油器的运行状况是涡轮机油中带水影响较大的方面。在正常运行情况下，冷油器所使用的冷却水为冷却塔循环水，两台机组循环水冷却系统运行的母管压力约为0.12MPa。同时，涡轮机主油泵出口压力为1.8～2.0MPa，经过润滑油滤网后会有30～50kPa的压损。因此，在正常工况下，润滑油压力较冷却水压力高很多。然而，如果系统停止运行，有可能出现水压高于油压的情况。另外，在涡轮机停运，润滑油系统也停运后，因对循环冷却水并不进行隔离，若存在冷却器泄漏，则易造成油中带水量较大；但若冷却器存在泄漏，在正常运行中就能发现。所以，虽说冷却器的运行状况对润滑油中含水影响较大，但从该厂正常运行的控制方面来讲，这一影响就变得很小，而且该厂两台机的冷油器均未出现过泄漏现象。就冷油器方面的影响，在机组正常运行时可不考虑。

机组的油系统与外界相通的主要位置是排烟风机及油箱标尺孔处，再有就是调速油泵和润滑油泵的密封处。正常运行中机组油箱的排烟风机是一直运行的，以保持油箱处于微负压运行，机组停运且油系统停运后才停运排烟风机，所以正常运行中大气中水分不可能由此进入油系统。油箱标尺孔是常通大气的，若大气中湿度过大，会使油中含水量有所影响，但因标尺孔较小，且大气中湿度也不可能长期很大，吸入的湿气也会被排烟风机带走。润滑油泵的密封是机械填料固体密封，有时有少量油漏出，水分进入油系统的可能性很小；调速油泵的轴承有水冷却，但与密封部分不通，所以因系统密封给油中带来水分的影响可以忽略不计。机组在正常运行中补油很少，不会带入水分。在检修过程中因有放油、再加油过程，有可能带入水分，但一般检修结束后均要滤油合格后才交付使用。系统若加新油，新油油质均是经严格检验后才补给的，故也不会带入水分。从这些分析可知，油系统的密封及人为因素对油中带水的影响可以忽略不计。

两机的轴封供汽压力在正常运行时保持在0.02～0.03MPa，在机组启停时均是一起投停，涡轮机的轴封供汽与回汽手动门在机组启停阶段要进行手动调整，这时自动调整门还不能投入运行，易出现短时的轴封供汽压力偏大或偏小情况。各瓦的排油烟门在机组冲车后要开启，排烟风机要及时启动。涡轮机的轴封在启停过程中有时出现冒汽现象。涡轮机的轴封回汽至轴封加热器，冲车后4号瓦和5号瓦处汽封处于负压状态，涡轮机正常运行时低压缸一直处于负压运行，使轴封汽不至于漏入油系统。另外，油系统排油烟风机也出现过故障，使轴瓦回油处于正压运行的方式，但这些异常时间较短，次数较少，不至于使润滑油中长期含水较大。在机组启停阶段，这个阶段有时是几十个小时，因4～5号瓦轴封供给在真空建立前，而停供是在真空破坏后，高温、高压的蒸汽会进入轴瓦的密封腔室凝结成水，使润滑油带水。另外，在启停阶段，涡轮机内部压力较低，2～3号瓦处的轴封汽也易进入油系统。在正常运行中也经常出现轴封压力自动投不上现象，手动调整又跟不上轴封汽压的变化，经常出现汽压偏高，在压力作用下，汽水将通过密封件进入轴瓦腔室，使润滑油中严重带水。经过多次大修及多年运行腐蚀，汽密封各部分间隙偏大，造成泄漏的轴封汽由轴表面通过间隙进入轴瓦腔室，使润滑油中带水。

综合以上分析，涡轮机轴封供汽调整及系统状态的影响，是机组润滑油中带水的主要原因。造成油中含水量较大，甚至使润滑油出现严重乳化现象的主要原因是涡轮机的密封汽的调整与涡轮机动静部分密封间隙的大小，另外在启动、停机的运行方式调整上也存在较大的影响。

3. 案例处理

利用大修对机组汽封系统进行检查调试。不合格的汽封齿条要更换，汽封间隙的调整要严格符合规程要求，调整要在规定的范围内，以恢复系统的密封功能。正常运行中要经常检查汽封的漏汽情况，发现漏汽要及时处理，根据实际调整汽压的大小。

尽量不手动调整轴封汽压，避免人为调整误差给系统带来的影响。从原设计的自动调节系统自投产以来的使用情况来看，整个一套机构能满足调节的需求。但是在自动装置故障时，要组织检修人员马上进行检修，尽量缩短手动调整的时间。运行专工再对其控制部分的参数进行跟踪，包括对调节仪指示的调门开度与蒸汽压力及漏汽的关系进行分析，确定最佳的蒸汽压力定值。在投入一定的人力与精力的情况下，该套系统应能满足自动调节的需要。

在机组启动阶段，尽量缩短轴封供汽与真空建立之间的时间。避免真空未建立，轴封供汽时间太长。停机时也应在真空破坏后及时停供轴封汽。值长在生产调度时应充分考虑到以上几点。

加强油质监督，保证定期进行油质检验。对系统加油、换油时应保证油质合格，避免人为将水分带入油系统。

经过以上治理后，1、2 号机组的润滑油中带水的情况得到较大改善，为机组的安全运行提供保证。

十五、水分异常案例 15

1．情况简介

某厂的 4 号涡轮机是 12MW 的抽凝式涡轮机，它的发电量相当于原有的 1、2、3 号涡轮发电机组发电量的总和，因此，4 号涡轮机的安全运行，对该厂生产任务的完成以及经济增长起着至关重要的作用。而 4 号涡轮机运行一段时间以来，发现机组的油系统中含水量严重超标，经化学检验人员化验，因油中含水，4 号涡轮机酸值由原来的 0.016KOHmg/10g 增大到 0.028KOHmg/10g，黏度增大到 32mm^2/s，破乳化度达到 17min。由于油质恶化，同步器、调压器错油门等处严重锈蚀，调速系统卡涩，增减负荷的操作不灵敏，机组带不满负荷，平均负荷只能带 11MW，润滑油的润滑和换热性能受到严重影响，轴瓦乌金磨损严重，润滑油压低、温度升高，机组的振动加大，4 号瓦的振动超标，达到 57μm。除此之外，在运行中必须每天用滤油机滤油，厂用电和机物料消耗大大增加；每天都能从油箱底部放出大量积水，严重时一天竟能放出 7～8 桶水，以上情况说明，由于油中带水，已经严重威胁到机组的安全经济运行。

2．案例分析

高温、高压的蒸汽从涡轮机前部进入涡轮机膨胀做功，带动发电机发电。由于涡轮机的轴与轴封之间有一部分间隙（改造前汽封系统简图见图 2-21），少量蒸汽就沿着间隙向前渗漏到前轴承箱内，与其中的油混合在一起，这样就形成了油中带水。

经过长期的调查和分析研究，4 号涡轮机油中带水问题的关键原因有以下几个方面：

汽封系统布置不合理，主汽门、隔离门、调速汽门的一级溢汽接向均压箱，均压箱的汽源压力过高，轴封送汽的压力就比较高，使蒸汽容易沿着轴封间隙渗漏到前轴承箱内，造成油中带水。前汽封的一级溢汽至抽汽管路的压差比较小，溢汽的排汽不畅造成向油中渗漏。轴封加热器的空气管较细（DN20），抽汽效果较差，轴封加热器的压力为正压，难以形成对汽封溢汽的抽吸作用，使蒸汽容易向轴承箱内渗漏。汽封送汽没有控制总门和后汽封的控制门，造成油中带水。

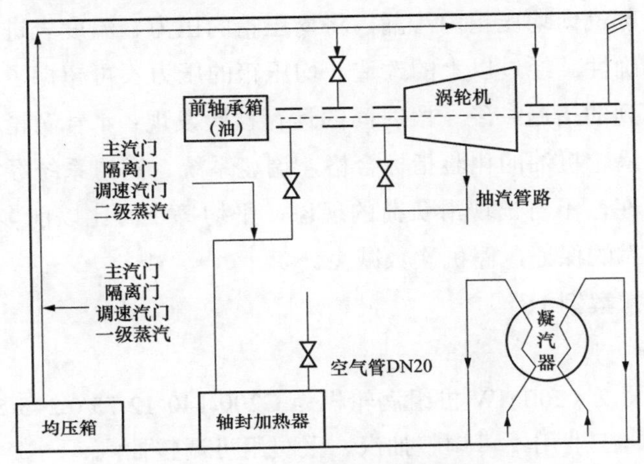

图 2-21　改造前汽封系统简图

均压箱的自力式压力调节阀不准确动作。均压箱的自力式压力调节阀应该能够自动调节均压箱的压力，使均压箱的压力不致过高，但现有的调节阀已锈蚀，不能准确地调节压力。另外，均压箱的选型偏高，造成压力偏高。

3. 案例处理

对汽封系统进行改造，改造后的汽封系统简图见图 2-22。原主汽门、隔离门、调速汽门的一级溢汽引至轴封加热器，将二级溢汽引到均压箱，使均压箱的汽源压力降低，从而使汽封的供汽压力降低。前汽封的一级溢汽和三级溢汽引至凝汽器，使其末端处于

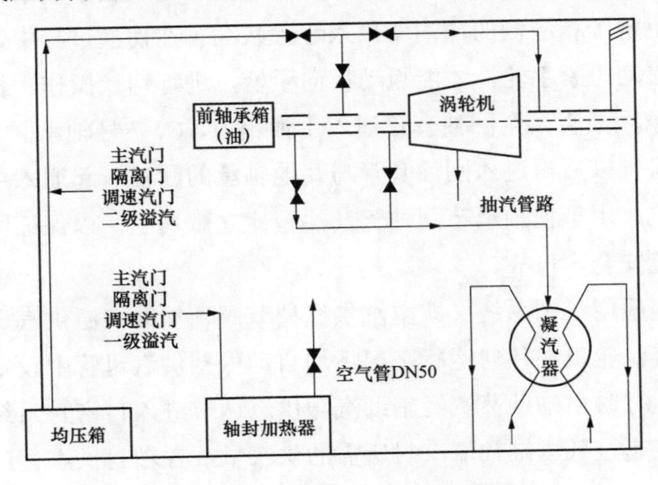

图 2-22　改造后的汽封系统简图

负压状态，增大了抽吸作用。将轴封加热器的空气管加粗（DN50），增大轴封加热器的负压，使溢汽容易排出。增设汽封供汽的控制总门和后汽封的控制门，使供汽量易于调整。经过这样的改造以后，汽封系统就较为合理了。

检修均压箱及压力调节阀。全面检修两台自力式压力调节阀，调整了调压阀的压力调节范围。更换均压箱的进水水门，使减温水量的调节幅度加大。检修均压箱主蒸汽母管的进汽门，避免蒸汽向均压箱内渗漏。将均压箱的压力、温度表进行校验，保证均压箱压力、温度的准确性。经过以上的改造，均压箱的压力不再超标了。

采取以上一系列的措施，经一段时间的运行检验发现：4号涡轮机的油中带水问题得到了彻底解决，涡轮机油的化验指标合格，调速系统、润滑系统经检修后恢复正常，油箱底部无积水存在，不再出现滑负荷的现象，平均每小时比以前多发电500kWh，机组的安全性有了可靠的保证，停机次数减少。

十六、水分异常案例16

1. 情况简介

某热电有限公司2×200MW机组涡轮机为C200/140-12.75/0.245/535/535型超高压、单轴、三缸双排汽、工业用不可调整抽汽、采暖用可调整抽汽、一次中间再热抽汽凝汽式涡轮机。润滑油系统采用套装油管和主油泵加射油器的供油方式，主油泵由涡轮机主轴直接驱动，其出口压力油驱动射油器投入工作。润滑油系统主要有主油泵、主油箱、冷油器、射油器、顶轴油装置、盘车装置、排烟系统、高压油泵、交直流润滑油泵等，以及连接管道、阀门和各种监视仪表组成。润滑油冷油器共有两台，其中一台运行、一台备用。冷油器为光管表面式换热器，以循环水作为冷却介质，带走因轴承摩擦产生的热量，保证进入轴承的油温为40～46℃，调整油温时要求油压大于冷却水压力，防止因冷油器泄漏而油系统进水。冷油器的三通切换阀安装于两台冷油器之间，润滑油从切换阀下部入口进入，经冷油器冷却后，由切换阀上部出口进入轴承润滑油供油管。阀板开口侧所处的位置决定了相应侧的冷油器投入运行状况。在切换过程中，应保证备用冷油器充满油，然后松动压紧手轮，才能扳动换向手柄，进行切换操作。机组共有7个支持轴承，1～5号轴承回油直接至回油套管通入主油箱内，6、7号轴承回油至隔氢装置，经隔氢装置分离出氢气以后再进入回油套管与其他轴承的回油一起通入主油箱内。排烟系统有两台排烟风机，用于使轴承箱回油管及油箱建立微真空，以保证回油通畅、油烟无外溢，保证油系统安全、可靠。

机组轴封系统采用三阀系统（即主汽供汽调节阀、辅助汽源供汽调节阀和溢流调节阀）来控制。使其涡轮机在任何运行工况下均自动保持供汽母管中设定的蒸汽压力。机组启动或低负荷运行时由辅助蒸汽经辅助汽源供汽调节进入自密封系统。正常运行时，高中压缸轴端漏气超过低压缸轴端汽封所需的供汽量，各轴封供汽调门自动切换，进入自密封状态。

自该厂机组投产以来，两台机组共发生过三次主油箱油中水分超标的现象。涡轮机主油箱油含水量超标，将严重影响机组的安全运行。

2. 案例分析

涡轮机油水分超标的化验数据如表 2-54 所示。运行中涡轮机油中水分的来源有：汽封不严，蒸汽泄漏；冷却器冷却水泄漏；密封失效；油箱顶盖配置不当，空气冷凝等。

表 2-54　涡轮机油水分超标的化验数据表

分析日期	时间	设备名称	外观	水分（mg/L）	原因分析
2008-07-28		1 号主机油	不透明	212.39	轴封漏气
2008-07-28		1 号主机油	不透明	215.34	
2008-07-31		1 号主机油	不透明	43.41	
2008-08-09		1 号主机油	半透明	123.82	
2008-08-15		1 号主机油	透明	86	
2009-02-18	9:00	2 号主油箱	乳化态不透明	756	冷油器冷却水泄漏
	15:00	2 号主油箱	乳化态不透明	1552	
	16:40	2 号主油箱	乳化态不透明	2142	
	17:30	A 冷油器	大量游离水分		
		B 冷油器	乳化态不透明	2204	
2009-02-19	4:30	2 号主油箱	透明	968	
	6:30	2 号主油箱	透明	76	
2014-04-10		2 号主油箱	透明	27.8	冷油器冷却水泄漏
2014-04-17		2 号主油箱	乳化态不透明	2502	
2014-04-18	9:00	2 号主油箱	乳化态不透明	3600	
	16:00	2 号主油箱	乳化态不透明	5500	
	19:00	2 号主油箱	乳化态不透明	2337	
2014-04-19	7:00	2 号主油箱	乳化态半透明	192	
	10:00	2 号主油箱	透明	145.2	
2014-05-07		2 号主油箱	透明	22.8	

3. 案例处理

2008 年 7 月 28 日相关人员发现 1 号机主油箱油呈浑浊、不透明的乳化状态，油中含有大量水分且放置后不析出分离。经对其进行水分分析，判断为轴封漏气，设备停运消缺后再次投运，主油箱油质合格。

2009 年 2 月 12 日相关人员发现 2 号主油箱中水分含量严重超标，初次判断可能是由于前两日负荷变化大（由 16 万降至 11 万）而没调整轴封压力引起轴封漏气，后取 A、B 冷油器油侧油样进行分析。在 A 冷油器中，发现游离水的含量异常高，其氯离子含量高达 586mg/L，同时水的硬度也达到 18mmol/L。另外，B 冷油器虽然未发现游离水，但其中的水分含量也较高，这是由于其运行方式决定的（即 B 冷油器运行，A 冷油器备用）。经过详细调查和检测，最终确认是 A 冷油器发生了泄漏，使得冷却水进入润滑油系统，而 A、B 冷油器的联络门密封不良，导致冷却水得以进入润滑油系统。后经运行人员手动关紧联络门，并加大从 B 冷油器底部排污放水，再投入滤油机滤油后，2 号主油箱油中水分大幅度下降直至油质合格。

2014 年 4 月 10 日对主油箱油进行周分析时，2 号主油箱油质合格；但在 2014 年 4 月 17 日的周分析时，发现 2 号主油箱的油中水分严重超标，具体如下：

4 月 17 日上午，化验人员对 2 号主油箱润滑油进行油质取样、检验分析，发现润滑油呈乳化态不透明，油中水分严重超标，油质不合格。运行人员检查发现轴承回油窗有水珠，发电机氢气湿度增大。因 4 月 14 日运行人员做了真空严密性试验，致使轴封调整不当，从而使主油箱中水分超标，初步判断为轴封漏气。在通知检修人员加强滤油的同时，运行人员立即降低 2 号机轴封供气母管压力；降低高、中缸轴封泄汽压力；加强发电机氢气干燥系统的放水次数。

在 18 日上午，化验人员对 2 号主油箱油再次进行取样分析，发现油质并未改善，仍然呈现乳化状态且不透明，同时水分含量也有所增大。经过确认，滤油机运行正常，但 2 号机轴承回油镜上的水珠数量也有所增多。因此，通知运行人员加强对机组各参数的监视，控制各压力参数，同时要求化验人员加强油质化验分析。经过前一日的调整，该厂主机润滑油冷却器和密封油冷却器的水压仍然高于系统油压，因此对润滑油冷却器的供水门开度进行了节流，降低了冷油器冷却水的水压，使冷油器的水侧压力低于油侧压力。经过对冷油器水压、油压的调整后，检查发现循环水冷却塔的水面上有油花出现，确认 2 号主油箱 B 冷油器冷却水泄漏。于是将 A 冷油器切换为运行状态，B 冷油器退出运行进行检修。这样一来，主油箱油中的水分大幅度减少，油质也逐渐好转，并持续运行到 19 日机组停运小修前。小修期间又对主油箱油进行了滤油、补油处理。小修结束机组再次投运后，主油箱油的品质已经合格。

十七、水分异常案例 17

1. 情况简介

某电厂现有 6B 燃气轮机两台、66t/h 余热锅炉两台、36MW 涡轮机组成的“2＋2＋1”联合循环一套，9E 燃气轮机一台、210t/h 余热锅炉一台、56MW 涡轮机组成的“1＋1＋1”联合循环一套。近期，发现 6B 燃气轮机的润滑油中水分含量超标。经过真空滤油处理后，指标暂时合格，然而又多次出现了含水超标的现象。在滑油冷却器的打压试验中，并未发现有泄漏的情况。但从含水量上看，这个量远大于轴承密封空气带水和润滑油乳化所产生的水量。这种油质的变化对机组的安全运行产生了直接的影响。

2. 案例分析

经仔细检查发现，是由于以前检修时错误地将油箱排烟系统防雨帽、排水管进行了改动，造成雨水进入油箱。

排放装置靠自升力排出油烟，主要设备为一分离凝结罐 B，罐的一侧为油烟进口 A，另一侧为连通油箱的回油管 D，底部接一个“U”管 C，与分离罐形成连通器，上部为排烟管 E，排烟管顶部为防雨帽。

油箱内微正压的油烟进入分离罐后沿排烟管上升，油水凝结后沿排烟管壁向下流到分离罐底部，油水存在密度差，油集结在上部，水集结在下部，二者间存在一个结合面。当罐内水面升高时，由于压差作用，水将从“U”管排水口排出，当油面升高时，油通过回油管回流至油箱。若“U”管排水口安装高度调整合适，就能保证油水结合面的稳定，实现自动回油和自动排水的功能，回油管不会回水，排水口也不会溢油，符合节油和环保要求。

由于油水密度差，排水口的安装高度（以“U”管最低点为参考零点）应比回油管的安装高度低某一数值，才能达到自动回油和自动排水的目的。排水口过高，水将通过回油管进入油箱；排水口过低，将有油从排水口溢出。

回油管安装高度为 305mm，滑油密度为 872kg/m^3，水的密度按 1000kg/m^3 计算，按“U”管的排水侧全为水，分离罐侧全为油时的液柱平衡位置计算，则排水口最低安装高度为 $305\times872/1000\approx266$mm。

实际运行中，“U”管分离罐侧的液体密度要大于滑油密度，故排水口的安装高度要大于 266mm。同时，安装高度调整好后，还应根据温度、湿度等变化情况进行适当调节，使得不出现排水管溢油现象，达到自动排水目的。

排水口原始安装高度为 260mm，小于上述计算的 266mm，故机组以前曾出现过排水口溢油现象，但该厂未经仔细计算，盲目地将“U”管排水口处加装一个短节，使排水口比回油管高 85mm，这样虽然解决了溢油问题，但分离罐内的油和水将通过回油管回流至油箱，而“U”管排水口永远无水排出，整个分离装置失去作用。

同时，该厂将“U”管排水口弯头由朝下改为朝上安装，在本已失去排水作用的情况下，使其具备了收集雨水的功能，雨水将直接沿此弯头进入滑油系统。

排烟管直径 220mm，防雨帽直径 280mm，此尺寸能满足防雨要求，但防雨帽与排烟管口安装距离为 400mm，失去防雨作用，雨水将沿排烟管流进分离罐，再通过回油管流进油箱。

“U”管排水口及排烟管防雨帽的安装错误，致使雨水进入油箱，造成润滑油含水。

3. 案例处理

改变防雨帽的安装距离，消除排烟管进雨水现象。

重新制作“U”管排水管，按排水口安装高度与回油管等高加工，倾斜安装，调整有效水柱高度为291mm，能达到自动排水和自动回油效果。排水管倾斜安装是为了便于调整水柱高度。

机组启动前，从“U”管排水口加水，直至排水口溢水为止，若不加水，有可能在机组运行时从排水口处排油烟。

停机时要对“U”管及排水口进行检查，防止堵塞。

采取以上措施后，消除了润滑油进水故障，达到了机组设计的预期目的。

十八、水分异常案例18

1. 情况简介

某公司有两台CLN660-24.2/566/566型超临界、一次中间再热、三缸四排汽、单轴、双背压、凝汽式涡轮机。每台机配置2台50%BMCR（锅炉最大连续工况）汽动给水泵，给水泵涡轮机为G16-1.0型单轴单缸冲动式涡轮机，汽动给水泵为HPT300-340-6S/27A型卧式多级双壳芯包式的多级离心泵，汽动给水泵组共用一套润滑油系统，由给水泵涡轮机提供润滑油源。

给水泵涡轮机油站供油泵由电动机直接驱动，从油箱抽油供给涡轮机、给水泵各轴承及盘车装置。涡轮发电机组高负荷长时间运行时，汽动给水泵组润滑油系统存在油中带水情况，最严重时含水量达到2000mg/L以上，远远超过标准值100mg/L，油质变差不仅影响润滑效果，情况严重时可能导致烧瓦，存在较大的安全隐患和安全风险。

2. 案例分析

汽动给水泵组润滑油系统有两台冷油器（一用一备），两台冷油器油侧通过联络管相连。正常运行中油侧压力均高于水侧（油侧压力为0.6MPa，水侧压力为0.3MPa），运行中冷却水不可能漏至润滑油中。机组停运后，进行冷油器查漏均未发现漏点，故排除了润滑冷油器水侧渗漏至油侧的可能性。

汽动给水泵轴端密封采用整体快装式机械密封结构，其内套筒通过双斜面夹箍紧缩环与泵轴紧密连接。在泵内给水温度达到约180℃的情况下，密封衬套上的螺旋纹逐级节流降压，同时，汽动给水泵轴端密封内接入压力为2.5MPa左右、温度为35℃的凝结水作为密封水，以实现密封效果。密封水起到密封、润滑、冷却的作用，进入轴端密封后沿轴分为相反的两路，通过迷宫密封降压后进行回收。经过试验分析机械密封水漏入润滑油中的可能性极小。

针对2号机组汽动给水泵组润滑油中含水量超标的问题，1号机组给水泵涡轮机高压轴封压力与润滑油含水量化验结果、2号机组给水泵涡轮机高压轴封压力与润滑油含水量化验结果（油中含水量超标时一直加装移动式真空滤油机进行处理）如表2-55、表

2-56所示。

表 2-55　　1号机组给水泵涡轮机高压轴封压力与润滑油含水量化验结果

时间	机组负荷（kW）	给水泵涡轮机高压轴封压力（kPa）	A给水泵涡轮机油样化验结果	B给水泵涡轮机油样化验结果	备注
2014-11-18	600～660	55～132	合格（32mg/L）	不合格（239mg/L）	A 给水泵涡轮机油箱连续滤油
2015-01-15	330～550	51～90	合格（28mg/L）	合格（29mg/L）	B 给水泵涡轮机油箱连续滤油
2015-08-24	500～660	88～133	不合格（97mg/L）	合格（26.8mg/L）	B 给水泵涡轮机油箱连续滤油
2016-09-19	400～600	85-121	合格（28.4mg/L）	不合格（85mg/L）	A 给水泵涡轮机油箱连续滤油

表 2-56　　2号机组给水泵涡轮机高压轴封压力与润滑油含水量化验结果

时间	机组负荷（kW）	给水泵涡轮机高压轴封压力（kPa）	A给水泵涡轮机油样化验结果	B给水泵涡轮机油样化验结果	备注
2015-04-13	330～550	55～98	合格	合格	B 给水泵涡轮机油箱连续滤油
2015-07-21	500～660	90～145	不合格（152.7mg/L）	合格（56mg/L）	B 给水泵涡轮机油箱连续滤油
2015-08-03	600～660	125～159	不合格（396mg/L）	合格（77.8mg/L）	B 给水泵涡轮机油箱连续滤油
2016-09-05	350-600	75-123	合格（25.4mg/L）	不合格（121mg/L）	A 给水泵涡轮机油箱连续滤油

通过运行数据和油质化验结果分析，发现在机组低负荷期间，汽动给水泵组润滑油中含水量均正常；当机组负荷较高，给水泵涡轮机高压轴封压力高至95kPa以上时，润滑油中含水量明显增大，可以判定轴封蒸汽漏入轴承箱是油中进水的主要原因。

原因分析：从主涡轮机轴封母管获取给水泵涡轮机高压轴封蒸汽，其设计压力范围为30～60kPa，温度在120～170℃。在运行过程中，给水泵涡轮机轴承箱内上部的无油区域呈现出负压状态。当给水泵涡轮机高压轴封母管压力偏高时，蒸汽泄漏量会相应增大，并通过轴封与前轴承箱之间的间隙被负压抽至轴承箱。随后，这些蒸汽会与润滑油一起进入油箱，导致含水量超标。当机组带额定负荷时，2号机组主机轴封漏汽量偏大，使得主机高压轴封母管压力较高，造成给水泵涡轮机的高压轴封压力达160kPa，超出设计压力较多，漏出的蒸汽被抽至前轴承箱与油充分混合后进入油箱，从而造成润滑油中含水严重超标。

3. 案例处理

在检修中将给水泵涡轮机轴封由普通梳齿型改为侧齿梳齿型，将汽封间隙调整至设计范围的最小值，改善了轴封密封效果，减小了轴封蒸汽的漏出量。

为防止漏出的轴封蒸汽积聚在保温内部腔室无法散发且导致蒸汽进入轴承箱内，将给水泵涡轮机前轴承箱与轴封间隙处保温进行整改，同时在给水泵涡轮机轴承箱与轴封间用压缩空气对吹，把轴封漏汽快速吹走，防止蒸汽进入轴承箱内。经上述处理后，润滑油中含水量超标的问题有所改善，但有时仍然高于标准值100mg/L。

原给水泵涡轮机高压轴封供汽接自主机高压轴封供汽母管，在高负荷时，主机高中压轴封处于向外排汽状态，向低压轴封供汽方向流动提供低压轴封汽源，形成自密封，多余的蒸汽溢流至凝汽器。但由于主机高中压轴封漏汽偏大，高中压轴封母管管径较母管要小，经测量，在高压轴封母管疏水点（给水泵涡轮机高压轴封接入点附近）的压力高达155kPa左右，远高于主机轴封母管压力。

若将给水泵涡轮机高压轴封供汽母管接入点改至主机轴封供汽母管（见图2-33），可减小高负荷时主机高压轴封漏汽形成的高压力对给水泵涡轮机高压轴封漏汽的影响。运行方式调整为全开轴封母管至给水泵涡轮机高压轴封供汽手动门，由轴封母管直接供给水泵涡轮机高压轴封，微开主机高压轴封至给水泵涡轮机高压轴封供汽手动门，保持高压轴封至给水泵涡轮机高压轴封供汽管道热备用。

2016年11月17日给水泵涡轮机轴封供汽母管系统改造完成，11月22日机组启动并网运行。通过现场参数比对，机组额定负荷工况下，给水泵涡轮机高压轴封母管压力由改造前的165kPa降至68kPa。连续跟踪取样化验，汽动给水泵组润滑油中微水含量一直保持在30mg/L以下，至此彻底治理了汽动给水泵组润滑油中含水量超标的问题。给水泵涡轮机高压轴封供汽母管接入点改至主机轴封供汽母管见图2-23。

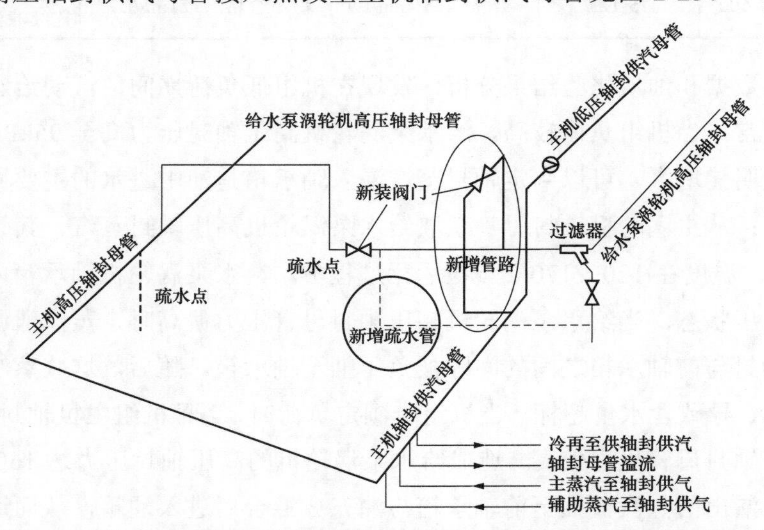

图2-23 给水泵涡轮机高压轴封供汽母管接入点改至主机轴封供汽母管

十九、水分异常案例19

1. 情况简介

某公司2台300MW机组涡轮机均为N300-16.5/535/535型亚临界、一次中间再热、单轴四缸四排汽、凝汽式涡轮机。机组采用数字式电液调节系统，机组润滑油与控制油为同一油源，油系统正常运行时由涡轮机主轴拖动的主油泵供给调速系统压力油及轴承润滑油。自投产以来，已多次发生轴封漏汽进入油系统，涡轮机油中带水现象十分严重，每天主油箱底部放水和净油器分离出的水达3～5桶（ϕ200×300mm）。长期油中带水运行造成油质劣化，结果使轴瓦乌金融化损坏，调速保安系统部件锈蚀，动作不够灵敏，严重威胁机组的安全运行。

2. 案例分析

根据现场的观察试验并分析发现，涡轮机油中带水主要有以下几方面原因：

（1）高、中压轴封进汽量过大。使得高压缸前、后轴封及中压缸前轴封第一腔室成为正压，从而向外大量漏汽，漏汽进入轴承腔室凝结之后进入油系统造成油中带水。

图2-24为该机组涡轮机轴封系统示意图。高压前轴封第4腔室、高压后轴封第2腔室、中压前轴封第3腔室的疏汽与7段抽汽一起接入2号低压加热器汽侧。当来自高压均压箱的轴封进汽量过小时，空气便会通过上述三个腔室漏入2号低压加热器汽侧，使2号低压加热器汽侧空气增多，一方面影响热交换效果，另一方面引起2号低压加热器汽侧压力升高，导致三个轴封腔室泄漏出来的高温蒸汽不但不进入2号低压加热器汽侧，反而通过7段抽汽返流至低压缸，致使2号低压加热器进出水温升减少。如漏空气量过大时甚至没有温升，这一点可以从7段抽汽温度测点的数值几倍于其额定工况下的7号段抽汽温度得到证实，另外漏空气量过大还会造成凝汽器真空下降。为确保2号低压加热器汽侧的可靠运行，高压轴封箱压力自动设定值已设定为0.038MPa。在此设定下，高压前、后轴封和中压前轴封的进汽门已全开。这种配置导致高、中压轴封的汽量偏大，

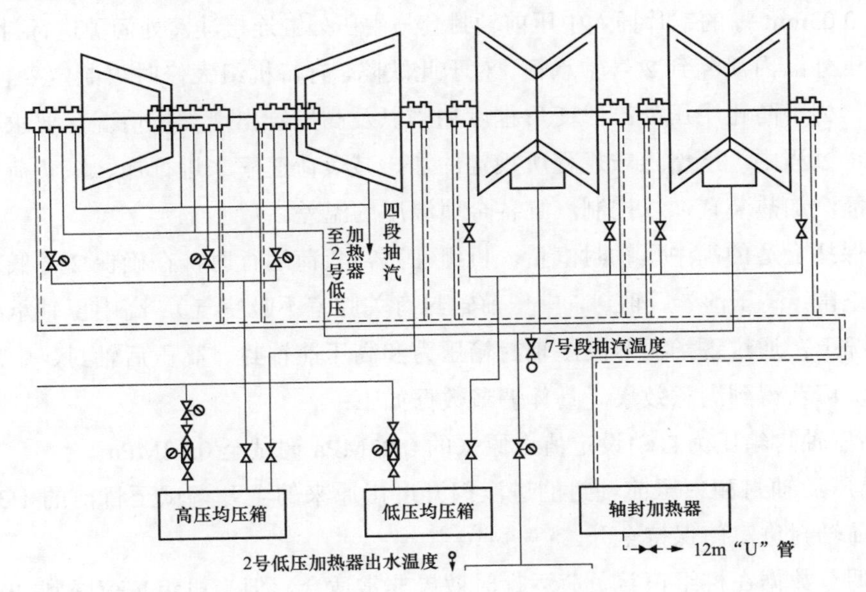

图2-24 涡轮机的轴封系统示意图

使得轴封汽大量泄漏至轴承内，并从齿封处向外大量漏汽。这使得部分蒸汽能够进入处于负压状态的轴承内，并随后凝结进入油系统，从而导致油中带水。高压前轴封、高压后轴封、中压前轴封最外侧出现的漏汽现象以及高、中压轴承回油镜上出现的大量水珠，都验证了这一推断。

（2）中压外缸有变形。在机组启、停机过程中，由于汽加热装置投用不当，或加、减负荷速度过快使得中压外缸各金属温度差超限，长时间的塑性积累造成中压外缸变形，从而引起中压前轴封套与中压外缸连接洼窝处的汽缸法兰结合面产生内张口。中压外缸内蒸汽通过内张口流经中压前轴封套向外大量泄漏，漏汽进入 2 号轴承箱内造成油中带水。这一点从不断关小中压前轴封进汽的情况下，中压前轴封套处依然有较多漏汽，且 2 号轴承箱回油镜上水珠特别多可以推测到。事实上停机后检修人员的处理和机组大修时的检测也证明此分析非常正确。

（3）涡轮机轴承的负压长期处于偏高的状态。因为轴封处有蒸汽外漏，这样漏汽很容易被吸入轴承箱内，进入油系统后凝结成水造成油中带水。

油系统排油烟装置投运时，轴承负压原来只规定一个运行范围（－0.1kPa），并没有进行充分的调试和整定，轴承排油烟风机进口门和每个轴承分门的开度都很大，轴承负压调整偏高（约－0.45kPa），致使轴封漏汽大量被吸入轴承箱内，凝结成水回到主油箱，造成油中含水升高。这一点可以通过改变每个轴承负压门来调小轴承负压，检查每天主油箱底部放水和净油器分离出的水量情况进行验证。

3．案例处理

（1）由于机组无大修计划，中压外缸内张口一时无法消除，检修人员只好利用停机机会，用 0.03mm 厚的铜片插入中压前轴封套与中压外缸连接洼窝处间隙进行封堵，阻止蒸汽从中压外缸内泄漏到 2 号轴承箱。对于此缺陷，有待机组大修时再制定妥善的措施。

同时，为了防止中压外缸的变形程度加剧以及高压缸出现类似情况，要求在机组的启动和停止过程中，严格遵守规程所规定的加、减负荷速率来进行加、减负荷，并且要正确使用蒸汽加热装置，以控制汽缸各金属温度的温差。

（2）保持合适的高中压轴封汽量。机组在正常负荷运行时，在确保 2 号低压加热器出水温度正常（高压前、后轴封，中压前轴封有关腔室不吸空气）、高中压轴承回油镜无水珠的情况下，通过现场调节高压轴封箱压力和高压前轴封、高压后轴封、中压前轴封的进汽门，可获得到满意效果。具体调节数据如下：

1）高压轴封箱压力自动设定值由原来的 0.03MPa 调试至 0.02MPa。

2）高压后轴封和中压前轴封的进汽门开度由原来的全开调试至目前的 1/3、1/2 开度，高压前轴封进汽门保持全开。

上述调节数据在机组正常负荷运行时效果非常适合，但当机组负荷降到 200MW 以下时，主机真空会明显地下降。为此，规定当机组负荷降到 200MW 以下，高压轴封箱压力自动设定值由原来 0.03MPa 调高至 0.033MPa，高压后轴封和中压前轴封的进汽门开度恢复至全开位置，保证主机真空正常前提下有良好效果。

（3）维持合理的轴承负压。根据查找有关文献和借鉴其他同类型机组的经验，在原来轴承负压－0.45kPa 的情况下，以确保轴承不漏油为前提，调节轴承排油烟风机进口门和每个轴承分门，逐渐降低每个轴承负压。通过检查每天主油箱底部放水量和净油器分离出水量的情况，最后得出较合理的每个轴承负压，即－0.23kPa 左右。

采取以上对策后，1～8 号轴承回油镜无明显水珠，中压前轴封附近没有明显的压力漏汽，每天主油箱底部放水量基本为 0，净油器分离出的水约 1/3 桶（ϕ200×300mm）。涡轮机油中带水现象未再次发生，有力保障了涡轮发电机组的安全稳定运行。

二十、水分异常案例 20

1. 情况简介

某发电厂一期工程建设 2×1000MW 超超临界抽汽凝汽式涡轮发电机组，并同步建设日产 10 万 t 淡水的海水淡化工程，每台机组需分别向海水淡化站提供调整抽汽。涡轮机形式：超超临界、一次中间再热、单轴、四缸四排汽、双背压、抽汽（单抽）凝汽式、八级回热抽汽。

自 2011 年 6 月以来，2 号机主机润滑油油质长期存在水分、颗粒度超标的问题。涡轮机油质量的好坏与涡轮机安全稳定运行关系密切，涡轮机油中进水后将使油产生乳化，乳化后的润滑油的黏度将会降低，轴承中轴与瓦之间的油膜厚度减小，造成转子与轴瓦直接摩擦，甚至轴瓦烧损。

2. 案例分析

通过对主机润滑油系统管路及主机结构的仔细检查，发现油中水分的主要来源可能有两个：一是高压缸前轴封漏汽进入 1 号轴承座内；二是润滑油冷油器的冷却水泄漏。但当机组正常运行时，冷油器冷却水压力较润滑油压力低，即使有泄漏情况发生，也是润滑油漏到冷却水中，故排除了润滑油冷油器冷却水进入主机润滑油系统的可能性。因此主机润滑油中水分的主要来源应是高压缸前轴封漏汽所致。

根据机组运行情况及设备布置情况分析，可得出以下三方面的因素：

（1）为排除主油箱和可能聚集油气的腔室中的气体和水蒸气，同时确保轴承回油顺利流回主油箱，在主油箱顶部安装了排烟风机，使主油箱及轴承室内形成约－1.5kPa 的负压，从而造成轴封漏汽进入轴承室，并最终进入整个润滑油系统。

（2）在设计机组时，要考虑结构紧凑、节约空间等因素，造成主机高压缸前轴封与 1 号轴承后油挡间距过短，两者设计距离仅有 65mm，同时在 1 号轴承室的负压作用下，高压缸前轴封所漏出的水蒸气极易进入轴承室，与润滑油回油一起进入主油箱。在 2 号机组检修期间发现 1 号瓦轴径和 1 号瓦背弧球面电腐蚀现象非常严重（如图 2-25 和图 2-26 所示），由此可最终判定：高压缸前轴封所泄漏的水蒸气进入 1 号轴承室，并最终进入整个润滑油系统，是主机润滑油水分超标的主要原因。

图 2-25　1 号瓦轴颈电腐蚀

图 2-26　1 号瓦背弧球面电腐蚀全貌

3. 案例处理

将 1 号轴承室后油挡由普通的梳齿式油挡改造为气压密封式油挡，利用由内环和外环配合形成的环型均压室内的 0.2MPa 压缩空气阻止轴封漏气进入轴承室内，同时也能起到防止油挡漏油的作用。为确定此方案的可行性，通过对存在相同问题的电厂调研后发现，经过改造，润滑油水分、颗粒度超标的问题得到根治，并具有良好的安全性和可靠性。

气压密封式油挡是一种应用空气动力学原理防止漏油和油中进水、进杂质的油挡。其结构原理是：通过管路向油挡本体内引入干燥的压缩空气，压缩空气通过气密式油挡的均压室，再由均压室把压缩空气均匀分配到油挡内部的密封齿中间，使油挡轴向位置中部形成正压区，通过应用空气动力学原理，利用压缩空气来堵住油挡铜合金齿与旋转轴之间的间隙。

气压密封式油挡结构、原理示意图如图 2-27 所示。

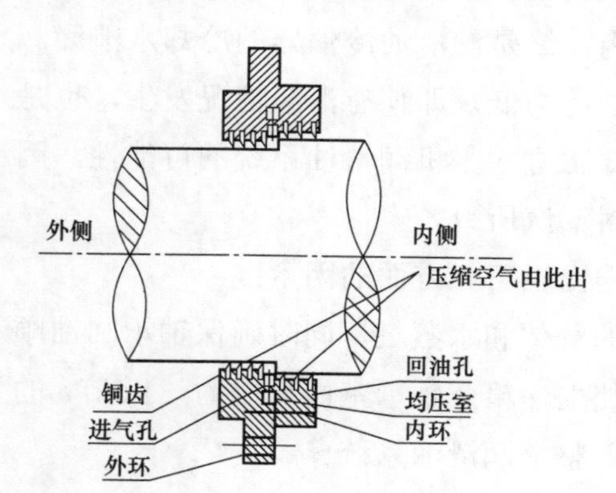

图 2-27　气压密封式油挡结构、原理示意图

气压密封式油挡有以下 3 个优点：

（1）该油挡在可以达到良好的密封轴承润滑油效果的同时，还可以阻止轴封漏汽和灰尘杂质进入轴承，避免油中进水和杂质等情况的出现。

（2）该油挡设计上具有双重密封：气压密封和梳齿式密封，保证了在使用过程中，如发生压缩空气突然中断，其梳齿式密封结构也能起到密封效果。

（3）该油挡设计成非接触式，不会伤害大轴，不会造成轴振动。

在最终确定气密性油挡改造方案具备安全可靠、技术可行、经济合理的特点后，检修人员利用 2 号机停机检修期间对 1 号轴承后油挡进行了改造，气密性油挡压缩空气系统流程图如图 2-28 所示。

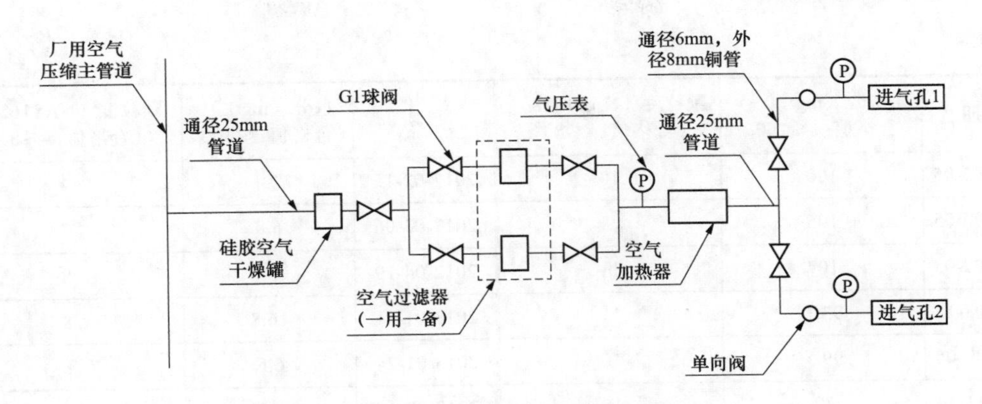

图 2-28 气密性油挡压缩空气系统流程图

根据 2 号机组的实际情况，考虑到油挡改造后压缩空气与转子之间存在温差，可能对转子造成不良影响，故又做了以下几方面的工作：

（1）压缩空气经两路过滤器（一用一备）进入气密性油挡，形成密封圈，保护轴承室内润滑油不受污染。

（2）为确保气压密封式油挡选用的气源与转子温度差异不会导致热应力增大、材料疲劳、转子应力集中部位出现裂纹、缩短使用寿命甚至发生重大断裂事故，可在气压密封式油挡供气系统中增设了空气加热器，并通过现场安装自动控温装置，将温度控制在 130～150℃（该温度范围的确定是根据实地多次测量转子温度、1 号轴承箱上轴承盖温度及高压缸前轴封温度来选定的）。这样能够确保油挡改造后，主机转子不会受到压缩空气温度的影响，从而保证转子的安全性。

（3）在气压密封式油挡供气母管上增设了硅胶干燥罐，除去气密性油挡所用压缩空气中的水分，防止轴承箱内二次进水，对主机润滑油的二次污染，以提高气密性油挡的安全性和可靠性。

经改造后的 2 号机 1 号轴承后气密性油挡正式投入运行，2 号机连续运行近一年的时间内，油质化验结果全部合格，水分、颗粒度一直较低，尤其是主机润滑油水分，最大值为 16.8mg/L，远远低于 100mg/L 的标准值，较改造前油质有了根本性的改善（表 2-57 为油挡改造前、后主机润滑油油质对照表）。今年 2 号机小修时再次对 1 号瓦轴径处及 1 号瓦背弧面进行检查，未发现有电腐蚀迹象，表明 2 号机主机润滑油进水问题得到了彻底解决。

表 2-57　　油挡改造前、后主机润滑油油质对照表

日期	水分（mg/L）（合格值：≤100）	颗粒度（NAS1638）（合格值：≤8）	日期	水分（mg/L）（合格值：≤100）	颗粒度（NAS1638）（合格值：≤8）
2011-01-05	100	10	2011-03-05	95	9
2011-02-05	90	9	2011-04-05	90	10

续表

日期	水分（mg/L）（合格值：≤100）	颗粒度（NAS1638）（合格值：≤8）	日期	水分（mg/L）（合格值:≤100）	颗粒度（NAS1638）（合格值：≤8）
2011-05-05	100	10	2012-02-15	2.4	4
2011-06-05	106	9	2012-03-06	6.8	7
2011-07-05	107	11	2012-04-19	15.8	8
2011-08-15	93.7	11	2013-01-11	16.8	8
2011-09-05	99.5	10	2013-01-24	6.5	8
2011-11-14	79	10	2013-02-18	8.7	6
2012-02-04	4.8	6	2013-03-01	6.6	6
2012-02-08	10.7	5	2013-03-19	1.9	6

二十一、水分异常案例 21

1. 情况简介

某公司一期工程装机容量为 2×600MW。涡轮机是 N600-16.67/538/538 型亚临界、一次中间再热、高中压合缸、单轴三缸四排汽凝汽式涡轮机，该涡轮机另配有四台锅炉给水泵涡轮机，型号为 G6.6-0.78（8）。汽动给水泵均布置在运转层（13.7m）。1 号、2 号机组自投产以来，给水泵涡轮机均有不同程度的油中进水现象。因给水泵涡轮机油中进水严重，导致油质乳化，分别对 1 号、2 号机组 A、B 给水泵涡轮机主油箱内涡轮机油进行了全部更换。经过对给水泵涡轮机进行检查性大修，处理给水泵涡轮机轴封系统一直存在的设计缺陷，使 1 号、2 号机组 A、B 给水泵涡轮机主油箱油中进水现象得到控制。但是，1 号机组 B 给水泵涡轮机在近期化学油质检测中，油中带水达到 200～300μL/L，大大超出了规程规定的控制范围，对机组的长周期安全经济运行造成很大影响。

2. 案例分析

轴封结构、形式选择不恰当，间隙调整不适度可导致油中进水。给水泵涡轮机轴封结构、形式设计上选择了前、后轴封均为迷宫式汽封，有良好的密封性能，其中前汽封漏汽被引回到第 5 级前继续做功，其他漏汽均被抽至汽封冷却器，减少了油中进水的可能性。但在机组检修安装、调整汽封片时，为保证涡轮机在运行中大轴与轴封片不产生动静碰磨，损坏轴系，在实际安装时均人为地将安装间隙放大，这势必造成轴封漏汽量增大，导致轴封汽进入润滑油系统。

轴封泄汽系统的设计布置：在检查给水泵涡轮机轴封泄汽管路系统时，发现给水泵涡轮机轴封泄汽管路汇集到主涡轮机轴封泄汽管路上，再送到汽封冷却器，这种连接方式势必造成主涡轮机轴封泄汽排挤给水泵涡轮机轴封泄汽。由于主涡轮机的轴封回汽压力在 0.15MPa，给水泵涡轮机回汽压力接近大气压或微负压，势必造成主涡轮机轴封泄汽排挤给水泵涡轮机轴封泄汽，引起给水泵涡轮机轴封抽汽量不够，存在泄汽不畅现象而造成轴封漏汽，导致轴封汽进入润滑油系统。

为了使给水泵涡轮机前后轴承回油通畅，产生油烟能及时排出，在涡轮机油箱上加装了抽油烟风机，使给水泵涡轮机主油箱负压的调整更为不易；负压调整过低将难以保证各轴承回油通畅以及轴系运行的稳定，负压调整过高将使轴颈轴封漏气窜入轴承回油管路，加大油中水分含量。

涡轮机油主冷油器在正常投运后，由于内部管材以及运行操作等各方面原因，使冷油器内部发生泄漏。冷却水进入油侧造成油中带水。另外，在机组运行中，主油箱放水检查不及时以及滤油机运行异常等原因，均可能导致油中含水量增大。

3. 案例处理

针对轴封系统存在的问题，要彻底改变油中带水现状，必须从多方面来开展工作。在给水泵涡轮机组大修中，对于轴封结构材质问题，借鉴其他 600MW 机组给水泵涡轮机轴封结构的成功经验，选用适合机组的轴封材质和形式，以及迷宫式汽封。大修中更换磨损严重的轴封汽封圈，将轴封间隙调整到允许最低值，减小轴封漏汽量。

改进轴封泄汽系统：在机组给水泵涡轮机大修中，检查前汽封漏汽至回汽到第 5 级前管道系统，改造给水泵涡轮机轴封泄汽管路系统，将给水泵涡轮机轴封泄汽管路直接引到汽封冷却器抽汽口处，保证泄汽管道有合理的倾斜度，避免泄汽管道存在疏水堵塞泄汽管路，确保轴封抽汽量充足，泄汽管路畅通。同时检查调速汽门提升杆间隙，对超标间隙部套全部进行了更换处理，相继更换了 1 号机组 B 给水泵涡轮机和 2 号机组 A、B 给水泵涡轮机调速汽门提升杆，大大减少门杆漏汽量，减轻了轴封风机的负担。

给水泵涡轮机主油箱上加装负压控制阀门以及负压检测仪表，根据给水泵涡轮机主油箱负压仪表指示，合理调整给水泵涡轮机主油箱上负压控制阀门开度。一方面，保证轴承回油通畅，油烟能够顺利排出；另一方面，无论机组在何种工况下，均能保证给水泵涡轮机主油箱上负压在合理范围内，不会造成由于负压过高而使轴封漏汽窜入油中。

保持冷油器油压大于冷却水压，启停油泵操作时应严格执行操作规范，避免冷却水压瞬间升高造成冷油器内部管件损坏，从而造成油中进水。在机组运行中，还应定期进行冷油器放水、放油检查，发现冷油器泄漏，应及时分析判断原因，确定异常设备后，尽快进行冷油器的切换、隔离工作。

保持滤油机的正常连续运行，加强运行中主油箱定期放水以及化学油质检测工作。

二十二、水分异常案例 22

1. 情况简介

某电厂 11 号机组为亚临界、单轴、中间再热、双缸双排汽、直接空冷、数字式电液调节系统、抽汽供热、凝汽式涡轮机组（型号 CZK300-16.7/0.4/538/538）。机组润滑油系统使用 32 号涡轮机油，主要由主油箱、主油泵、射油器、辅助油泵、冷油器、滤油器、顶轴油系统、润滑油净化装置、排烟风机等组成。

2011 年 2 月 10 日，从 1:48 至 14:20，11 号机组主油箱油位开始快速上升，由 0mm 上涨到＋130mm，已经大大超出润滑油净化器的脱水能力，当天恰遇润滑油净化装置由于排水电磁阀故障未投入运行，致使油中含水量迅速严重超标，最高达到 1800mg/L，主油箱负压为零，对机组的安全稳定运行构成极大威胁。

2. 案例分析

正常运行中，润滑油压为 0.124MPa，辅机冷却水压力为 0.36MPa，如果主冷油器管束运行中出现破损、断裂等缺陷，辅机冷却水在压差的作用下将大量进入主冷油器油侧。由于 2007 年投产后两台主冷油器频繁出现铜管泄漏的原因，2010 年 7 月机组大修中将两台主冷油器铜管全部更换为不锈钢管，发生此次缺陷后，首先将两台主冷油器分别退出，观察主油箱油位上涨情况，同时分别打开主冷油器上、下检查孔进行找漏，均未发现冷油器钢管、涨口及其他密封部位有渗油的现象。

现场实际观察，并未发现有蒸汽由汽缸一侧冒出窜入轴承箱（未发现有白汽），而且主油箱负压值随着主油箱油位的升高，而逐渐降低，最终由于主油箱中大量水蒸气颗粒聚集于排烟机入口滤网处，造成烟气不能排出，致使负压值为零的条件下，主机各油挡处均未发现有漏油，说明油挡间隙也均在合格范围内。综合分析，轴承箱吸入蒸汽，造成主油箱大量进水的假设也不能成立。

由于 2011 年 2 月 9 日晚刚刚下过一场小雪，机房顶部最深积雪厚度为 5mm 左右，2 月 10 日，白天最温度达到零度以上，具备融雪条件；如果排烟管与房顶紧密接触且接触面有腐蚀孔洞，势必有可能造成积雪融化时，一部分融化雪水进入排烟管内，回到了主油箱。而经检查涡轮机房顶出烟管位置，发现排烟管穿越楼板部分完好、无腐蚀，排烟管与机房顶并无接触，圆周留有 40mm 间隙，且排烟管顶部还装有伞形帽，伞形帽面积为排烟管通流面积的 2 倍以上。依据以上现场观察情况，不存在落雪或融雪水经排烟管进入主油箱的可能。

由于空侧、氢侧密封油压均为 0.38MPa，与辅机冷却水压力几乎相等，如果冷油器铜管发生破损及断裂情况，在冷油器投运状况下会有少量水流入油侧；而在冷油器备用状态下，如果出、入口油门关闭，而冷却水门大开的话，则会有大量水流入油侧。现场对两台冷油器的铜管泄漏情况均进行了认真检查，均未发现有铜管及相关密封部分有渗漏油问题。

污油经粗滤器、红外线加热器、缓冲器进入离心分离系统，再经破乳化系统，最后进入真空分离系统。真空分离罐经真空泵进行脱气分离，大部分气体经快速冷却装置冷却后凝结成水排至地沟，一小部分气体经排大气管排至室外。

密封油净化器在运行时，油品仅与辅机冷却水在快速冷却罐内的冷却盘形管处有短暂的接触。若冷却罐内的冷却水管束发生泄漏，罐内水位会迅速上升，并通过直径为 2mm

的管路流回真空分离系统。这样会使密封油净化器失去原有的脱水功能，导致含有大量水分的油品经过排油泵返回到油系统，并再次经空侧密封油回油系统回到主油箱，从而使得主油箱油位迅速上升。冷却罐内的盘形冷却器是否有泄漏，成为确定主油箱大量进水的首要原因。

现场首先将密封油净化装置退出运行，关闭快速冷却器的出、入口水门后1h，主油箱油位不再上涨；同时对快速冷却罐解体后发现，冷却装置盘形管上有一处腐蚀孔，面积约为绿豆大小（$1.76\times10^{-5}m^2$），由于通入快速冷却罐的辅机冷却水管直径为DN15mm，压力为0.35MPa，管路流量为1.27t/h，按照机组分散控制系统显示主油箱油位上涨至最高值时间11h计算，实际经冷却罐冷却水系统窜入油中的冷却水量为1.52t左右。而主油箱正常油位实际高度为1808mm时（油位计指示为零），油容积量为$25m^3$，油箱中每毫米高度实际平均容积为$0.014m^3$。按现场主油箱比正常油位高出130mm计算，实际增加容积为$1.82m^3$；以32号涡轮机油的比重为$0.87t/m^3$计算，实际增加的水分重量为1.58t。

两者数据对照说明，密封油净化器冷却水罐的进水量与主油箱就地油位上涨情况完全吻合，说明造成此次主油箱油位上涨、大量进水的直接原因就是冷却罐冷却水管破损后大量窜水。

3. 案例处理

确定是由于密封油净化器快速冷却罐发生内漏造成主油箱油位上涨的原因后，首先将密封油净化装置退出运行，关闭冷却器的出、入口水门，稍开主油箱底部DN50mm排水门1～2扣，由运行人员现场监护，连续排水时间达18h以上，将油箱底部沉积水逐渐排至地沟中。

同时，在修复排水电磁阀后，润滑油净器开始连续运行，开始对主油箱进行脱水、破乳等净化处理，至2月12日上午10时，油净化器连续排水32次后，化验主油箱油中含水量为200mg/L，2月13日油质含水量达到了合格标准100mg/L。

第三节 酸值异常案例

一、酸值异常案例1

1. 情况简介

某电厂50MW机组1～2号机涡轮机油相继发生严重劣化，其中1号机油酸值高达1.178mgKOH/g，2号机油酸值超过0.55mgKOH/g，破乳化度均大于120min，机组在运行时还发现调速系统动作不灵敏，油质状况已对机组的安全运行形成严重威胁，迫于以上情况，厂方进行了换油处理。在将劣化油倒出后发现高酸值油已经对系统造成腐蚀（经检测，油品液相锈蚀试验为严重锈蚀，同时油品中抗氧化剂T501含量为0），且系统中还发现多处锈点，油箱底部有油泥和腐蚀、锈蚀产生的金属剥离物。

2 号机涡轮机油换入后不久，即发现油质又出现问题（该油进厂时未进行严格检查验收，且无法追索出处），经分析测试，其 pH 值为 4.3，破乳化度为 85min，油中 T501 含量检测不出，且液相锈蚀试验不合格。

2. 案例分析

（1）油品无 T501 抗氧化剂是油质劣化的主要原因。根据 GB/T 14541—2017《电厂用矿物涡轮机油维护管理导则》的规定，运行油中 T501 抗氧化剂的含量应不低于 0.15%，但实际检测其含量远低于这一值。由于抗氧剂含量低，它未能及时与油品在氧化初期产生的活性自由基反应形成稳定的化合物，从而未能有效地阻止油品的继续劣化。

（2）油系统中存在杂质和金属锈蚀物是油品发生劣化的催化剂，它们对油品的劣化起加速作用。

（3）系统中渗漏和局部过热点的存在也是油品劣化不可忽视的原因。

（4）从设计上来讲，该厂各台机组均无油再生器，油品进行运行未得到有效维护，致使涡轮机油随运行时间的延长劣化不断加速。

（5）从管理上来讲，油质监督周期过长、个别指标（如抗氧剂含量、锈蚀试验等）缺乏有效的监督手段及监督台账不全，从而错过了及时采取措施阻止油品进一步劣化的最佳机会。

3. 案例处理

此次油处理采用涡轮机油专用处理剂，小型试验在 500mL 的烧杯中进行，控温 50℃，搅拌 30、60min 后取样测试，结果见表 2-58。从试验结果可知，用 0.5%的处理剂量即可取得较好效果，为慎重起见，实际进行现场操作时按 1%剂量处理劣化油。

表 2-58　　小型试验结果

时间	2 号机劣化油			加 0.5%处理剂			加 1%处理剂		
	破乳化度（min）	pH 值	酸值（mgKOH/g）	破乳化度（min）	pH 值	酸值（mgKOH/g）	破乳化度（min）	pH 值	酸值（mgKOH/g）
30min 后	＞60	4.3	0.06	12	6.2	0.023	6	6.8	0.020
60min 后	—	—	—	10	6.5	0.020	6	6.7	0.020

根据规程规定，油品经处理后，其 T501 的含量应不低于 0.3%～0.5%，现拟按 0.5%的量添加（原油品中 T501 含量小于 0.1%）补加 T501。

取前述经吸附处理后油若干，按 0.5%的剂量加入 T501，待溶解完全后与原 2 号机油一同做老化试验，油品添加剂的感受性试验结果如表 2-59。从表 2-59 中的数据可看出，添加 T501 抗氧化剂后确实能有效起到延缓油品劣化的作用，另外，进行添加剂的复合添加后未出现不良反应。

表 2-59 油品添加剂的感受性试验结果

项目	老化试验后		
	酸值（mgKOH/g）	油泥析出	颜色
原 2 号机涡轮机油	0.15	有	棕褐色
经吸附处理并添加 T501 后 2 号机涡轮机油	0.021	无	桔黄色

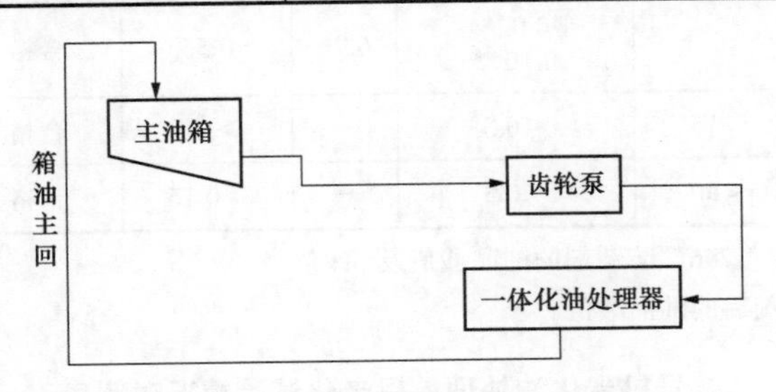

图 2-29 劣化油吸附处理流程图

劣化油吸附处理流程图如图 2-29 所示。按图 2-29 将管路及相关设备连接好，连接管除设备本体的金属管外均采用 PVC 增强管，从油系统的油箱底部放油阀开始连接，至一体化油处理器出口接油箱顶部进油阀止。按要求将处理剂装填好，开启油处理系统中的油箱底部放油阀、一体化油处理器进出阀和油箱顶部进油阀，启动齿轮泵对劣化油进行循环处理。每 2h 取样测试 pH 值、破乳化度和酸值并检查外观，待有关控制指标降至 GB/T 7596—2017《电厂运行中矿物涡轮机油质量》及 GB 11120—2011《涡轮机油》中的允许值时可停运吸附处理装置。处理剂运行一段时间后会失效（其主要判断依据是进出一体化油处理器的油的有关控制指标有无变化，若相同则表明处理剂已失效），应予以更换。更换处理剂时，先停掉齿轮泵，拆掉一体化油处理器出油管，用齿轮泵将一体化处理器中残存油抽至油箱中。将失效的处理剂取出抛弃，填入新的处理剂并将系统按流程图复原，重新开启阀门并启动齿轮泵进行循环处理，直至有关指标合格，本次处理的实际工作时间约为 15h。

劣化油经吸附处理且其主要控制指标符合 GB/T 14541—2017《电厂用矿物涡轮机油维护管理导则》时，可停运吸附处理装置，进行油品添加剂的补加。现场操作时可用一干净的盛装新油的油桶作为溶解添加剂的容器，然后从油箱中放出适量热油至油桶，根据预先计算好的添加剂的量分批溶解，溶解完全后用压力式滤油机将溶有添加剂的母液抽至油箱中，循环过滤使其混合均匀。

经处理后，油品指标应符合 GB/T 7596—2017《电厂运行中矿物涡轮机油质量》和 GB 11120—2011《涡轮机油》的规定，油处理过程即告结束。

2 号机劣化油经吸附处理及补加油品添加剂后，油品质量大为改善，处理前后的油质对比情况见表 2-60，老化试验情况对照结果见表 2-61，油品经处理后抗氧化能力大大提高。

表 2-60　　2 号机劣化油处理前后油质对照表

项目	破乳化度（min）	酸值（mgKOH/g）	pH 值	T501 含量（%）	液相锈蚀试验	运动黏度（mm^2/s）	闪点（℃）
2 号机处理前油	140	0.06	4.3	＜0.1	中锈	31.31	195
2 号机处理后油	6	0.02* 0.10**	6.7*	0.55	合格	31.50	197
新油标准规定值	＜15	＜0.3	—	＞0.3	合格	28.8～35.2	＞180
运行油标准规定值	＜60	＜0.3	—	＞0.15	合格	28.8～35.2	＞180

*　吸附处理后未添加“746”防锈剂的油品酸值及 pH 值。

**　添加“746”防锈剂后的油品酸值。

表 2-61　　2 号机劣化油处理前后老化试验情况对照表

项目	老化试验		
	酸值（mgKOH/g）	油泥析出	颜色
2 号机劣化油	0.15	有	棕褐色
处理后 2 号机油	0.027	无	桔黄色

为深入探究油品在处理前后化学结构上的差异，特将劣化油、处理后油及新油进行了红外光谱分析（谱图如图 2-30～图 2-32 所示）。从谱图可看出：在波数为 1690～1740cm^{-1} 的范围内（主要为醇、酮、醛、酯、羧酸等劣化或油品氧化中间产物的特征峰），劣化油比处理后油或新油的峰强度明显高出很多，它表明油中有较多的劣化或氧化中间产物（劣化产物中的羧酸即表现为明显的强酸性，通过测试酸值和 pH 值可反映这一情况）。而处理后油与新油相比，在此波数范围内峰强度无明显差异，这表明处理后油与新油烃类的分子结构基本相同，或者说处理后油与新油品质相近，完全能满足现场使用要求。

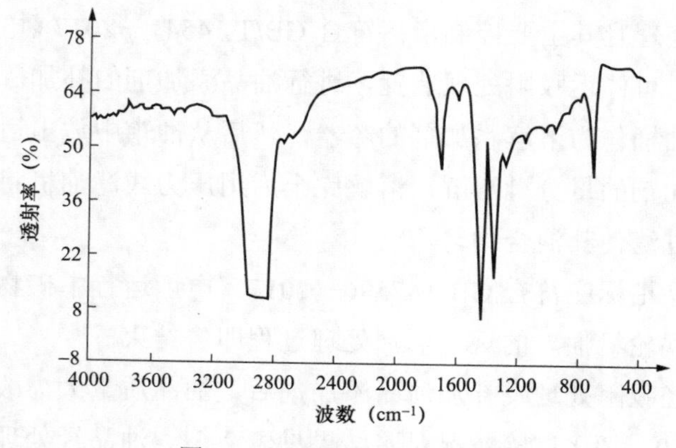

图 2-30　劣化油红外光谱图

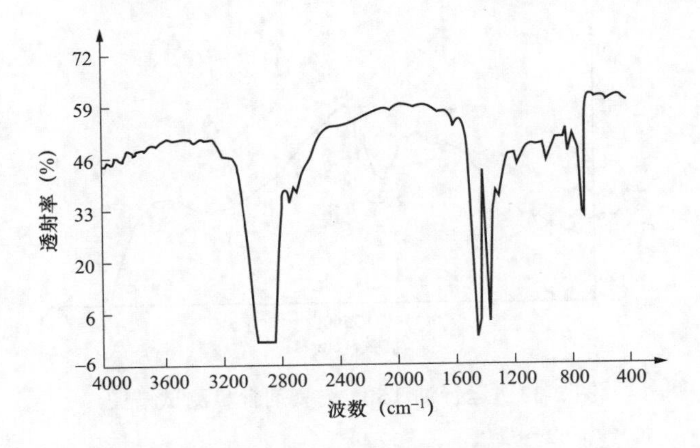

图 2-31 处理后油的红外光谱图

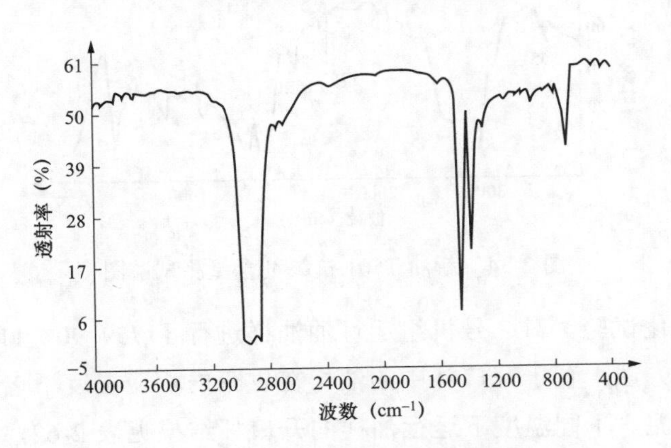

图 2-32 新油的红外光谱图

二、酸值异常案例 2

1. 情况简介

某发电厂 7 号机组油系统存在过热点，导致冷油器冷却效果不佳。因此，7 号机组 32 号涡轮机油在运行过程中出现异常劣化，颜色由淡橙色变为棕红色，酸值由 0.067mgKOH/g 升高至 0.140mgKOH/g。由于这些原因，该机组于 5 月 4 日被迫停机。在 5 月 6 日的测试中，该油的酸值已达到 1.4mgKOH/g。为了解决这个问题，工作人员对 7 号机组运行油、补加新油和再生油进行了以下试验和分析。

2. 案例分析

（1）T501 抗氧剂含量测试。对 7 号机组运行油油样和补加的新油油样进行了 T501 抗氧剂含量测试，运行油 T501 抗氧剂含量测试谱图、新油 T501 抗氧剂含量测试谱图见图 2-33 和图 2-34。

根据图 2-34 计算得到新油中 T501 抗氧剂含量为 0.2%，说明新油中含有 T501 抗氧剂，但是含量较低，补入系统后在运行过程中已完全消耗，即 7 号机组运行油中已不含 T501 抗氧剂，因而逐步发生劣化，导致运行油酸值增大，颜色加深。

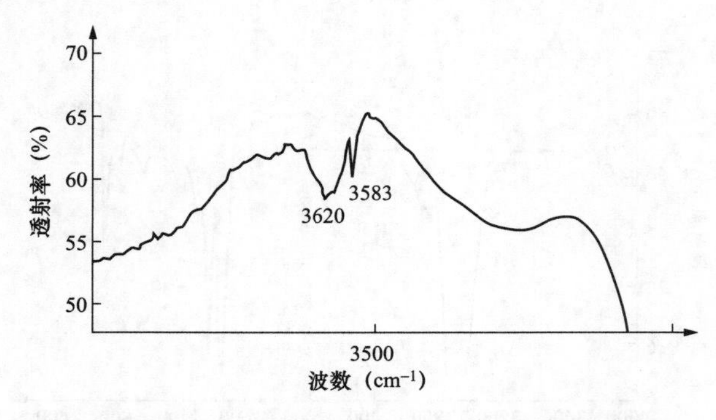

图 2-33　运行油 T501 抗氧剂含量测试谱图

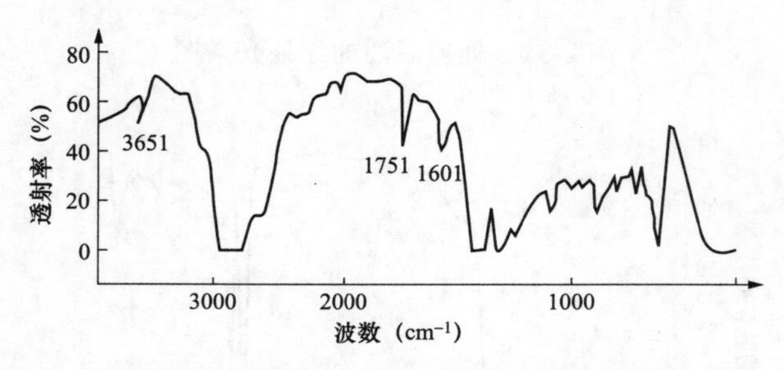

图 2-34　新油 T501 抗氧剂含量测试谱图

（2）开口杯老化试验。对 7 号机组运行油油样进行了 75、90、115、130℃下的开口杯老化试验。试验方法：置于开口杯中的油样在烘箱内相应温度下老化 48h 和 72h，然后测试其酸值和油泥。不同温度下运行油样的开口杯结果见表 2-62，运行油样各老化温度下酸值随时间的变化见图 2-35。

表 2-62　　不同温度下运行油样的开口杯结果

老化温度（℃）	老化时间（0h）（mgKOH/g）	老化时间（48h）（mgKOH/g）	老化时间（72h）（mgKOH/g）	油泥析出
75	0.184	1.173	1.305	有
90	0.184	1.028	1.358	有
115	0.184	1.048	1.200	有
130	0.184	1.048	1.206	有

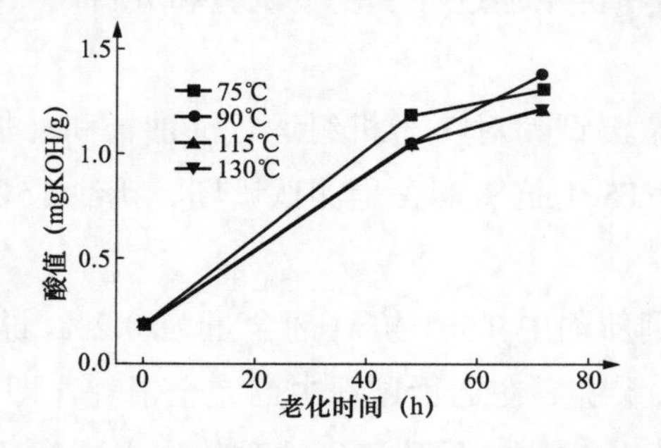

图 2-35　运行油样各老化温度下酸值随时间的变化

目前，关于烃类油的氧化理论比较集中的有过氧化物理论和链锁反应学说。就链锁反应来说，反应过程分为链产生阶段、链发展阶段和链中止阶段。在链产生阶段，烃类物质与氧气反应，产生自由基，反应速度缓慢，需要较高的活化能。在此阶段，温度会是反应速度的主要影响因素。到了链发展阶段，因具有高度活性自由基的存在，反应速度非常快，反应进行所需的活化能大大降低，温度对它的影响就会变得不太明显，这与各温度下的老化试验结果相吻合。75℃和 90℃下老化后酸值比 115℃和 130℃下老化后酸值稍大，这是因在高温时氧化产生的小分子酸挥发速度较快所致，在 75℃和 130℃老化的最后 24h，由开口杯老化改为磨口加塞的锥形瓶老化，防止了小分子酸的挥发，两温度下酸值的增加量分别为 0.132mg/g 和 0.158mg/g，130℃下的比 75℃下的稍大，但相差不大。

与链锁反应的链生成、链发展和链中止相对应的油的劣化过程被划分为诱导期、反应期和迟滞期，认为 7 号机组涡轮机油在 4 月 26 日进入劣化的反应期，油品迅速劣化，致使酸值快速增大，颜色急剧加深。为了检验常温下进入油品劣化反应期的油品是否继续劣化，在 5 月 23 日再次对运行油样的酸值进行测试，结果为 1.181mg/g，比 5 月 8 日的测试结果 0.184mg/g 增大了 0.997mg/g，证明此前的推断是正确的。

从图 2-35 可见，在各试验温度下，老化过程中前 48h 比后 24h 产生酸性物质的速度快，说明劣化反应逐渐进入迟滞期。

对 32 号新油做了除氧化安定性外的全分析试验，试验结果均符合标准的要求。另外，对 32 号新油和目前电厂中使用较多的美孚新油进行了红外光谱分析，除美孚新油样品在波数 $1749cm^{-1}$ 附近未出现吸收峰外，其他基本相同。分析认为，32 号新油中含有有机酯。

润滑油中不应含有机酯，因酯类在有酸或碱与水存在时会发生水解，产生酸和醇，其稳定性要远小于烃类。润滑油在使用过程中因老化而产生酸类物质是必然的，且运行油样底部存在游离水（可观察到），这就具备了发生水解的条件。若新油含有酯类，补入系统中酯类就会逐步水解，导致油品的酸值增大，颜色加深，而增大的酸值又会进一步加速油品的劣化。因此认为补加的 32 号新油中含有有机酯是油品快速劣化的原因之一。

另外，在实验室对 7 号机组运行油油样进行小型的吸附再生处理以及添加抗氧剂试验，结果表明对油品进行再生处理和添加 T501 抗氧剂已不能阻止油品的进一步劣化，必须果断采取换油措施。

3. 案例处理

对该油系统进行换油处理。

（1）油样劣化的内在因素是运行油中 T501 抗氧剂完全消耗以及补加新油中含有有机酯。

（2）运行油劣化的外在因素是机组油系统存在过热点，冷油器冷却效果不好。

（3）油品劣化一旦进入劣化反应期，反应速度非常快，此时对油品进行再生处理和添加T501抗氧剂已不能阻止油品的进一步劣化。必须对系统进行换油处理，这会造成极大的经济损失。

（4）在新油验收时，必须进行氧化安定性试验。建议进行旋转氧弹和红外光谱试验，减少不合格新油进入系统的机会。

三、酸值异常案例3

1．情况简介

某电厂2009年9月1、2号机组润滑油（牌号：L-TSA32）相继投入运行。2010年6月和2010年7月，运行中2台机组涡轮机油颜色相继变深且指标接近。2010年6月1日对2号机组运行油取样并进行分析，除酸值0.031mgKOH/g略超标，其他指标均正常（不同时间段2号机组运行油分析结果见表2-79）。

2010年6月之后的1年间，涡轮机油的颜色逐渐加深，至2011年8月，两台机组涡轮机油均已变为褐绿色（新油、处理前油、处理后油外观见图2-36），但其他理化指标合格。

图2-36　新油、处理前油、处理后油外观（左为新油，中为处理前油样，右为处理后油样）

大小修期间对润滑油系统进行检查，发现主油箱底部有大量的油泥杂质。2012年5月对2台涡轮机油样样品进行检测，不同时间段2号机组运行油分析结果如表2-63所示。由表2-63可见，除液相锈蚀外，其他各项理化指标均合格。

表2-63　　不同时间段2号机组运行油分析结果

项目	分析时间		
	2010-06-01	2012-05-14	2012-10-19
油样	新油	处理前	处理后
颜色	黄色透明	墨绿不透明	棕红透明
机械杂质	无	无	无
密度（23℃，kg/m^3）	—	865	866（18℃）
酸值（mgKOH/g）	0.031	0.0857	0.0618

续表

项目	分析时间		
	2010-06-01	2012-05-14	2012-10-19
开口闪点（℃）	215	221	213
起泡试验（24℃，mL）		40/0	100/0
起泡试验（93.5℃，mL）		50/0	40/0
起泡试验（后24℃，mL）		30/0	130/0
水分（目视）		无	无
破乳化度	16.42	26.2	4.8
凝点（℃）		−10	−10
运动黏度（40℃，mm^2/s）	30.96	30.56	30.55
运动黏度（100℃，mm^2/s）		5.24	5.22
黏度指数		102	100
空气释放值（50℃，min）		5.1	4.4
液相锈蚀（60℃，24h）	无锈	有锈	无锈
铜片试验级数（100℃，3h，级）		1	1
T501质量分数（%）	—	0.05	0.68

2. 案例分析

工作人员针对运行油仅1年颜色即变为褐绿色的原因进行了认真的分析和查找。

（1）运行与维护。按GB/T 14541—2017《电厂用矿物涡轮机油维护管理导则》要求，运行人员每周对1、2号机组涡轮机油取样检查1次，观察油品外观并进行水分和机械杂质理化分析，各项化验指标均无明显变化，仅颜色逐渐加深。机械杂质和水分曾有超标现象，后采用板式滤油机对油品进行过滤。过滤后油品虽然透明但颜色不断加深，并发现油样刚从系统中取出时有微量絮状杂质，但3～5min后该杂质即消失。涡轮机油颜色变深，缩短了理化分析周期，测试结果仍无明显变化。

（2）过热点查找。对润滑油系统运行曲线进行分析，发现主机润滑油轴瓦温度无异常。冷油器投自动，且工作正常，出口温度比进口温度低3～4℃，但有超上限运行温度出现。油的颜色变深变红是由局部过热所致，故认为系统中存在过热点，查找具体过热源头并做相应处理后，过热点问题得到解决。

（3）油品本身存在问题。某电厂将油样送检，油中添加剂为苯胺类抗氧化剂。该复合添加剂氧化后呈蓝绿色，有共轭体系的发色基团（如酮基R=O，亚胺基N=N）存在；变色试验中蓝色物质能够随着油样酸碱度的变化而改变颜色，这也与某电厂变绿涡轮机油颜色随pH值变化而变化相同。后经核实，此批涡轮机油均来自同一厂家，另有多家电厂使用后均出现类似现象。

综上分析认为，运行油褐绿色物质应来自两方面：复合添加剂被氧化后的本身颜色为蓝绿色，而油品氧化后颜色为橙红色，二者混合后显示颜色即为褐绿色。由此得出结论：涡轮机油颜色快速变深、发绿的主要原因是油品加剂配方不当。

3. 案例处理

由于2台机组涡轮机油使用年限均较短，油质虽然老化，但从运行管理和前期数据考虑，决定采用滤油机对油品进行在线专项滤油处理，即主要针对油中复合添加剂及其氧化后所出现的蓝绿色产物进行过滤。

经1个月左右的在线循环过滤处理，油品从墨绿色变为橙红色，确认油中无其他添加剂后，向油中添加T501及“746”防锈剂等已知常用添加剂，并于2012年10月中旬取样送检，各项理化性能合格之后，按国家标准新油投运要求做跟踪试验，半年内所得结果无异常，油品无继续加速劣化趋势，可正常使用。

四、酸值异常案例4

1. 情况简介

在2013年8月，某市遭遇了持续的高温天气。在此期间，该市某厂的5号涡轮发电机组因主冷油器出口油温的影响，无法达到预期的负荷。最严重的情况下，负荷降低至135MW，而主冷油器出口油温仍保持在47℃附近。随后，涡轮机油的性能出现了下降的现象（2013年8月5号机主冷油器油化验结果见表2-64）。

表2-64　　2013年8月5号机主冷油器油化验结果

时间	酸值（mgKOH/g）	破乳化度（54℃，min）
2013-07-24	0.04	3.5
2013-07-31	0.06	4.8
2013-08-07	0.1	10.7
2013-08-14	0.16	19.3
2013-08-21	0.173	20.8
2013-08-28	0.177	22.3
2013-09-04	0.19	27.2
2013-09-11	0.184	28.1

从表2-64可以看出：油的酸值在运行中急剧升高；油的破乳化度逐渐上升。为便于分析比较，对运行油与新油指标做了进一步的化验（运行油与新油指标化验结果见表2-65）。

表2-65　　运行油与新油指标化验结果

化验项目	运行油	新油	质量指标
水分（mg/L）	84.8	0	≤100
破乳化度（54℃，min）	27.3	1.44	≤30

续表

化验项目	运行油	新油	质量指标
旋转氧弹值（150℃，min）	22.7	130	报告
酸值（mgKOH/g）	0.19	0.007	加防锈剂小于等于 0.3
运动黏度（40℃，mm^2/s）	30.69	30.15	28.8～35.2

从表 2-65 可以看出：①运行油水分和破乳化度均比新油明显上升，但仍处于标准范围内，说明该油的破乳化性能还是可以的。②运行油旋转氧弹值仅为 22.7min，远低于 60min 或新油的 25%（32.5min），说明该油的抗氧化性能很差。

初步分析认为：随着运行油抗氧化性能变差、油品氧化，导致酸值增加，而油氧化产生的极性酸性产物作为表面活性剂使油的破乳化性能变差。

2. 案例分析

20 世纪 90 年代初，5 号机曾发生大轴弯曲事故导致高压转子存在原始弯曲，为防止汽封与涡轮机转子产生动静碰磨，检修时均将汽封间隙放大。2007 年大修时，间隙做了往最小值方向的调整，结果在机组大修后整套启动过程中，发生了 2 号瓦振动增大，高压缸前轴端汽封处出现金属碰磨现象，该次大修后的整套启动一共进行了 8 次冲转，才将间隙磨出。在此前后机组的轴端汽封间隙一直比较大，尤其是 2011 年的机组大修，间隙更是达到标准值的上限，结果造成汽封不严，漏出的水汽通过相近轴承的油挡吸入润滑油的回油中。因此，分析认为：涡轮机轴封不严导致水汽进入油系统，长时间的滤水排放使油中的抗氧化剂损耗太多是运行油发生性能下降的主要内在因素。

管板为 1Cr18Ni9Ti 材质、芯子为 B30-1-1 铜管材质的 YL-60-1 型主冷油器，经过 3～5 年运行后，因未明原因冷却效果变差，尤其是在主冷油器入口油温超过 54℃时换热效果急剧下降，致使其出口油温经常在 42℃以上运行（该厂规程规定涡轮机运行时冷油器出口油温正常为 38～42℃），造成主机 2、3、4 号瓦回油温度普遍较高，尤其是处于中间轴承箱内的 2 号瓦回油温度经常超过 65℃，此时冷油器入口油温超过 57℃。根据相关文献的规定，破乳化度测试温度应设定为 54℃，这是经过一系列相关试验证明的最佳温度，以评估涡轮机油的破乳化效果。该温度也是冷油器入口油温的核心温度，而 5 号机油系统内温度因主冷油器冷却效果变劣问题，已经偏离了该区域。相关文献指出，当温度超过 60℃时，会破坏涡轮机油中破乳剂分子结构，导致破乳效果降低。温度为 40℃和 60℃时，涡轮机油的破乳化时间基本相同，当温度超过 60℃时，破乳化时间急剧延长。因此认为冷油器冷却效果不好，油系统存在过热点是运行油发生性能下降的主要外在因素。

目前，关于烃类油的氧化理论比较集中的有过氧化物理论和链锁反应学说。就过氧化物理论来说，反应过程分为诱导期、反应期和迟滞期。为了检验常温下进入劣化过程的涡轮机油是否继续劣化，2013 年 8 月 28 日在主冷油器上获取运行油样进行了常温测试，2013 年 9 月 11 日酸值测定结果为 0.23mgKOH/g，与 9 月 4 日和 9 月 11 日两次从主冷油器处测得的酸值分别为 0.19mgKOH/g 和 0.184mgKOH/g 相差不大，推断为油的劣化过程只是进入到了诱导期，尚未达到反应期。与过氧化物理论的诱导期、反应期和迟滞期相对应的链锁反应过程被划分为链产生阶段、链发展阶段和链中止阶段，认为 5 号机涡轮机油在 2013 年 8 月 14 日进入劣化的链产生阶段。在此阶段，温度会是反应速度的主要影响因素。因此，解决主冷油器冷却效果变劣的问题，降低主冷器入出口油温是解决问题的有效途径。随着北方室外气温的逐渐转凉，温度问题在大半年的时间内将不复存在，这为 5 号机涡轮机油在线再生处理提供了保证。

3. 案例处理

吸附再生处理试验：用剂量分别为油量的 2%和 4%两个比例，将强极性吸附剂加入到 60℃的运行油中进行搅拌，45min 后过滤分离，测试再生油的酸值和破乳化度，吸附再生试验效果见表 2-66。

表 2-66　　吸附再生试验效果

试验油品	酸值（mgKOH/g）	破乳化度（54℃，min）
运行油	0.22	28.3
用 2%吸附剂处理后	0.14	14.8
用 4%吸附剂处理后	0.03	2.7

从表 2-66 可以看出：用 4%吸附剂处理后，运行油中酸性物质被有效去除，酸值大幅度降低，破乳化时间明显缩短。据此可以分析出运行油酸值升高是由于油在运行中被氧化所致，从而佐证了运行油的抗氧化性能很差的结论。

为提高运行油的抗氧化能力，进行了旋转氧弹试验，各油品添加了 0.5%T501 抗氧化剂，T501 感受性试验效果见表 2-67。

表 2-67　　T501 感受性试验效果

试验油品	旋转氧弹值（min）
运行油	22.7
运行油＋0.5%T501	28
运行油用 4%吸附剂再生处理后	39.5

从表 2-67 可以看出：在不经过吸附剂处理的运行油中，添加 T501 抗氧化剂无法显著提高旋转氧弹试验结果。然而，经过 4%吸附剂处理后，添加 T501 抗氧化剂可明显提高旋转氧弹值，显示油的抗氧化性能得到了显著改善。

根据上述试验结果，使用 QZTZ-6 型涡轮机油再生脱水设备在运行中进行 5 号机运行油处理，运行油经吸附剂吸附处理后添加了 0.5%T501 抗氧化剂，考虑到在运行及再生处理过程中会损耗油中的防锈剂，同时添加了 0.03%“746”防锈剂。经过近 1 个月的处理，5 号机运行油在线处理效果见表 2-68。

表 2-68　5 号机运行油在线处理效果

时间	酸值（mgKOH/g）	破乳化度（54℃，min）	运动黏度（40℃，mm^2/s）
2013-08-21	0.173	17.8	31.02
2013-08-28	0.18	19.3	30.83
2013-09-04	0.19	26.2	30.69
2013-09-11	0.184	28.1	30.66
2013-09-13	吸附后添加 0.5%T501、0.03%“746”防锈剂		
2013-09-18	0.10	6.3	30.46
2013-09-25	0.09	5.2	30.42
2013-10-02	0.08	4.8	30.39
2013-10-09	0.08	5.1	30.42

从表 2-68 可以看出，经再生处理一周后，运行油的酸值大幅度降低，经过 20 多天始终稳定在 0.08～0.09mgKOH/g，其破乳化时间相应明显缩短，而运动黏度基本保持不变。这说明处理后油的抗氧化性能和破乳化性能都大为改善且品质稳定，5 号机运行油经处理后完全能满足现场使用要求。

五、酸值异常案例 5

1. 情况简介

某发电厂 5 号机系 600MW 涡轮机组，其润滑油采用国产 20 号涡轮机油，油量 37t，该机油品在运行使用 8 个月之后迅速劣化，颜色变深，酸值超标，由投运初期的 0.009mgKOH/g 升高到 0.38mgKOH/g（运行标准为不大于 0.20mgKOH/g）。

2. 案例分析

运行油中无 T501 抗氧化剂是造成油质劣化的一个主要原因。按照 GB/T 14541—2017《电厂用矿物涡轮机油维护管理导则》的要求，为了防止油品在运行中劣化，新油和运行油中必须含有一定量的 T501 抗氧化剂，其作用是能与油品在氧化初期产生的能加速油品劣化的活性自由基和过氧化物反应，形成稳定的化合物，从而阻止油品的自身催化劣化进程。而 5 号机新油中不含有 T501 抗氧化剂，在机组投运初期又未能进行补加，从而导致了油品的催化劣化。

通过对运行油分析，曾发现油中含有金属粒。金属颗粒是一种催化剂，对油质劣化起到了催化作用。金属颗粒的来源是由于油系统处理和冲洗不彻底造成的。

对油循环系统外部进行彻底检查，发现在主油泵供、回油套装油管上存在一较大过热点，局部温度高达130℃左右。局部过热点的存在能加速油品的氧化进程，发生氧化变质。该过热点是由于邻近高压蒸汽管道局部保温不严及热辐射造成的。

3. 案例处理

一般对于油品酸值大于0.2mgKOH/g且劣化严重的涡轮机油，比较成熟的再生工艺是在机组停运的状态下，对油品采用体外再生或静态旁路再生。由于此种状态下不含有在运行状况中加速油品劣化的因素，因此再生速度快、效果好。

结合5号机油系统状况，建立了再生流程，即油从主油箱出来经过一个管道泵被打入再生吸附罐，再生后的油再通过一个装有精密滤网的滤油机回到主油箱；另一路通过一台压力式滤油机再回到主油箱。

流程简图如图2-37所示。再生系统中并列两个吸附罐交替使用，以防止在更换吸附剂阶段，油品酸值升高。系统中并联一台压力式滤油机，目的是滤清油品含有的金属颗粒及可能进入油中的细小的吸附剂颗粒。

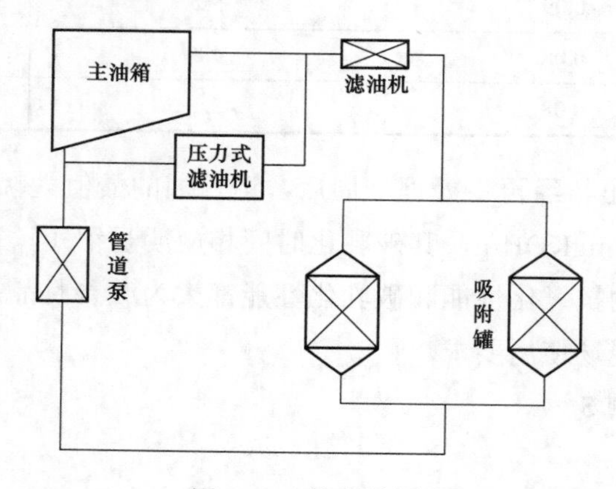

图2-37 流程简图

某年8～11月，酸值经历了以下几个阶段：

第一阶段：8月7～11日，经过5天的处理，酸值由0.60mgKOH/g下降到0.53mgKOH/g。

第二阶段：9月12～10月15日，经过一个多月的处理，酸值由0.75mgKOH/g降至0.38mgKOH/g。

第三阶段：10月28日～12月2日，经过6天的连续处理，酸值由0.38mgKOHmg/g降至0.095mgKOH/g，已经符合运行标准。

第四阶段：11月之后，油品酸值一直稳定在0.10mgKOH/g左右，远远低于0.20mgKOH/g的运行标准。

第一阶段和第二阶段再生效果差，并且油品酸值有所回升，主要是由于再生工作缺乏连续性和工作力度不够。主要表现在：实际操作过程中吸附剂更换周期太长，吸附剂活化不充分且供应量不足。第三阶段，由于解决了以上问题，按要求采取了连续处理，因此效果明显。

5号机油品中无减缓油品氧化的T501抗氧化剂，这是造成油品劣化的重要原因之一。由于油系统局部过热点还未完全消除，为了防止再生合格的油品再次发生严重劣化现象，采取了油品中添加T501抗氧化剂的措施。

在运行油中添加了占总油量0.4%的T501抗氧化剂。

在添加过程中，首先取运行油在50～60℃下溶解T501抗氧化剂，配成10%的浓溶液，再通过滤油机打入主油箱，进行油循环。

通过5号机涡轮机油三个月的运行再生处理，油品酸值由最高0.75mgKOH/g降为0.095mgKOH/g，达到了运行标准，取得了满意的效果。目前油质已稳定。

第四节 洁净度异常案例

一、洁净度异常案例1

1. 情况简介

某厂一台600MW的机组，涡轮机润滑和密封系统用油量共为45t涡轮机油。1号机组已经运行6年左右，2号机组运行了4年左右，涡轮机油油质总体情况控制良好。但随着机组运行年数的增加，机件设备磨损情况慢慢出现、油液本身也在不断老化中，出现了一些油质异常状况。从某年4月开始，1号涡轮机油出现颗粒度上升较快的现象，基本上是不到一个月，油液的颗粒度从规范值8级以下上升到10级以上。某年4～7月1号涡轮机油颗粒度分析结果见表2-69。

表2-69　某年4～7月1号涡轮机油颗粒度分析结果

取样日期	取样点		备注
	回油管	冷油器	
4月24日	8	—	
5月16日	11	—	开始滤油
5月20日	9	8	
5月22日	8	7	滤油结束
6月20日	11	10	开始滤油
6月25日	9	7	
6月26日	8	7	
6月30日	—	5	滤油结束
7月7日	10	10	运行处开始滤油
7月11日	10	9	维修处开始滤油

续表

取样日期	取样点		备注
	回油管	冷油器	
7月14日	9	8	
7月15日	9	—	
7月16日	8	6	滤油结束
7月23日	9	7	

2. 案例分析

颗粒度也就是颗粒污染浓度，监测的是浸入油中且不溶于油的颗粒状物质，如焊渣、氧化皮、金属屑、砂粒、灰尘等。对于正常运行的油系统来说，其中的污染物的来源主要有两个方面：一是系统外污染物通过轴封和各种孔隙进入；二是内部产生的污染物，包括水、金属磨损颗粒及油液氧化产物等。这些污染物都会降低涡轮机油的润滑、抗泡沫等性能，可引起调速系统卡涩，机组转动部位（轴承、轴瓦）的磨损，严重时会引起机组飞车等事故，严重地威胁机组安全运行。故涡轮机油运行中消除污染是必须进行的工作。

（1）金属分析。设备内部出现磨蚀是导致颗粒度异常升高的一个可能原因，因此对异常油样进行金属含量分析至关重要。为了确定金属含量是否异常，同时取样分析了运行中的2号涡轮机油（颗粒度小于8级且未出现颗粒度迅速上升的情况），1、2号氢侧密封油以及涡轮机油新油的金属成分和含量，并将它们与1号涡轮机油进行了对比。涡轮机油金属含量分析结果见表2-70。

表2-70　涡轮机油金属含量分析结果

样品名称	金属含量（$\times10^{-6}$）													
	Na	Ca	Mg	Pb	Al	Ni	Si	Fe	Cu	Cr	Mn	Ti	Sn	Sb
涡轮机油新油	0.00	0.00	0.03	0.01	0.15	0.00	0.03	0.04	0.00	0.01	0.04	0.00	0.00	—
1号涡轮机油回油管	0.00	0.70	0.00	0.13	0.21	0.00	0.01	0.01	30.18	0.18	0.22	0.00	0.83	<1
1号涡轮机油冷油器	0.00	0.42	0.00	0.14	0.08	0.02	0.01	0.02	30.98	0.21	0.13	0.00	0.00	—
1号氢侧密封油	0.02	0.21	0.01	0.05	0.14	0.01	0.57	0.02	30.06	0.03	0.06	0.00	0.17	—
2号涡轮机油回油管	0.00	0.01	0.04	0.18	0.10	0.05	0.00	0.07	30.49	0.14	0.10	0.00	0.21	—
2号涡轮机油冷油器	0.00	0.01	0.00	0.20	0.31	0.13	0.02	0.16	30.10	0.30	0.21	0.00	0.00	—
2号氢侧密封油	0.00	0.00	0.03	0.04	0.15	0.02	0.00	0.07	30.11	0.02	0.05	0.00	2.61	—

从以上分析结果看，涡轮机油新油的所有金属含量都接近于零。而所有运行油中 Cu 质量分数都在 30ppm（1ppm＝1×10^{-6}）左右，其他金属含量都很低，这是由于 2 号涡轮机油没有出现颗粒度异常升高的情况。因此，可以基本排除金属含量高（即磨损导致 1 号涡轮机油颗粒度升高迅速）这一猜测。

（2）铁谱分析。铁谱分析即可通过观察油中的微粒的形态、分布情况、大小、数量和表面形貌等特征，来判断设备运动零部件的磨损状态和部位。图 2-38～图 2-40 是显微镜下 100 倍放大的黏着磨粒、氧化物（黑色）、氧化物（红色）。方法是取 50mL 样品，用 0.8μm 孔径滤膜过滤，将过滤后得到的滤渣制成谱片，在铁谱显微镜下进行观察。分析结果表明油中有个别小尺寸金属磨粒，少量小于 320μm 的黏着磨粒，少量数十至数百微米的黑色氧化物、个别红色氧化物和个别纤维等。由此可见，设备存在磨损，但是颗粒数不多，进一步证明磨损不是引起颗粒度异常上升的主要原因。

图 2-38 显微镜下 100 倍放大的黏着磨粒

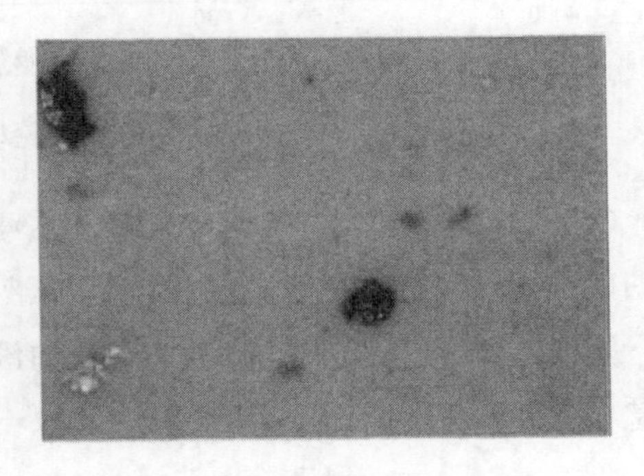

图 2-39 显微镜下 100 倍放大的氧化物（黑色）

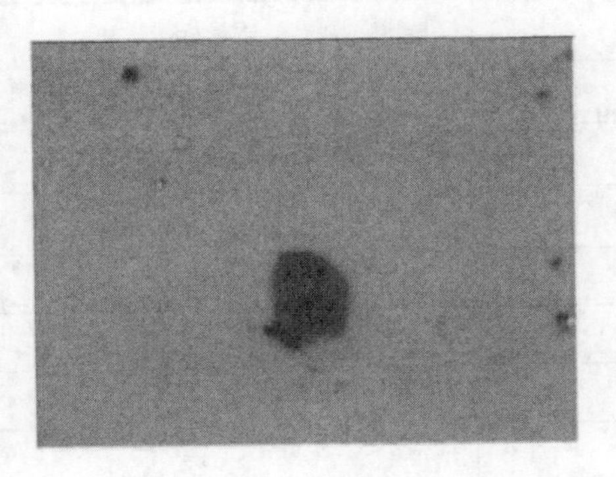

图 2-40 显微镜下 100 倍放大的氧化物（红色）

（3）红外光谱分析。将 1 号涡轮机油回油管润滑油和涡轮机油新油及 2 号涡轮机油回油管润滑油分别进行红外光谱分析，然后组合到同一张图上进行比较，发现 3 个样品的特征光谱曲线几乎完全重合。说明 1 号涡轮机油和 2 号涡轮机油运行油的基团几乎没有被改变，说明这二者的老化程度还不是很深，不应该是氧化产物引起的颗粒度升高。涡轮机油红外光谱监测结果见图 2-41。

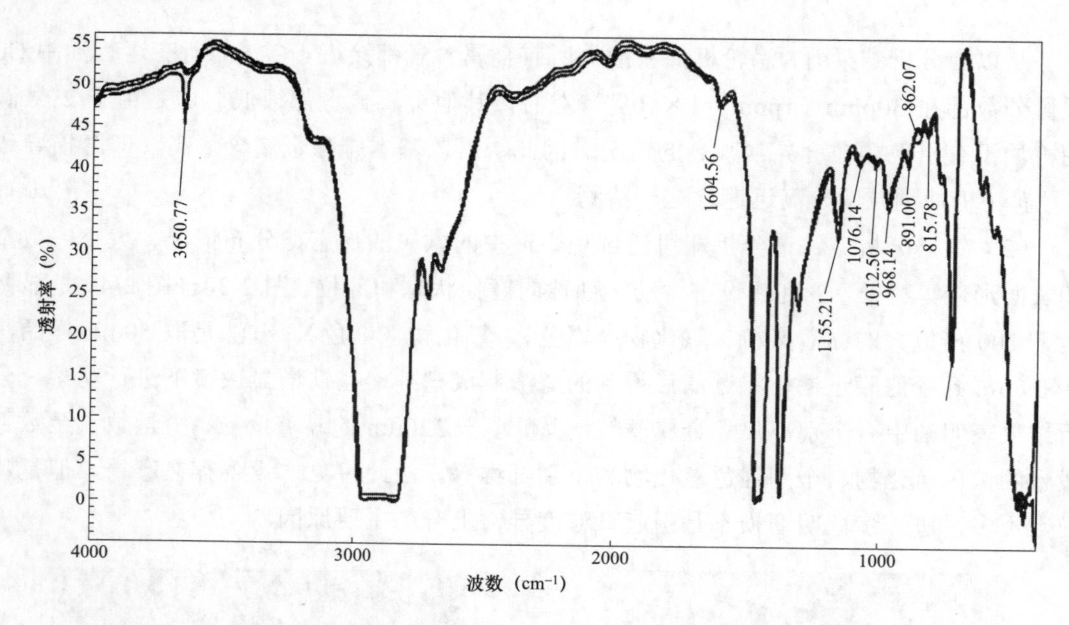

图 2-41　涡轮机油红外光谱监测结果

（4）油质理化性能指标全分析。1 号涡轮机油的使用年限还不到 6 年，而一般涡轮机油的寿命为 15～20 年。为了确定油液的老化程度，对 1 号涡轮机油进行了油质全分析，结果见表 2-71。从分析结果看，油液很健康，不存在油液老化产生氧化产物导致颗粒度迅速升高，即颗粒度升高不是油液本身老化所致。

表 2-71　　1 号涡轮机油油质全分析结果

检测项目		质量标准	检测结果
外观		透明	深黄色、透明
机械杂质		无	无
水分含量（$\times10^{-6}$）		≤100	57.8
酸值（mgKOH/g）		≤0.30	0.09
运动黏度（40℃，mm^2/s）		不超过新油测定值的±5%	29.8
破乳化度（54℃，min）		≤60	5.5
液相锈蚀（合成海水）		无锈	无锈
空气释放值（50℃，min）		≤10	3.1
泡沫特性（mL）	24℃	500/10	65/0
	93.5℃	50/10	50/0
	后 24℃	500/10	20/0

3. 案例处理

从以上分析结果看，1 号涡轮机系统的设备磨损和油质老化都处于较正常的状况，不是引起“颗粒度迅速升高”的主要原因，即排除了“迅速增加的颗粒”来自系统内部产生的污染物这一可能因素。因此，大量外界污染物进入1号涡轮机系统的可能性较大。对主油箱、轴承周围环境进行清洁并滤油，防止粉尘、机械杂质进入润滑油系统。

二、洁净度异常案例2

1. 情况简介

某电厂涡轮机油的各项运行指标一直正常，某日例行巡检突然发现4号机油净化装置底部有大量悬浮状物。油样呈棕红色，其中悬浮大量黄褐色物质。

2. 案例分析

将油样除油后得到了除油后的沉积物。将沉积物进行真空干燥，得到油中不溶物。

油中的不溶物不溶于油、四氯化碳、乙醚等有机溶剂，也不溶于水、碱、10%氢氧化钠等无机物，但溶于36%盐酸。由于滤纸上留下黄色痕迹，油中的不溶物可能含有铁盐。

对样品进行扫描电镜能谱分析，结果如表2-72所示。

表2-72　扫描电镜能谱分析结果

元素名称	Fe	Si	Cu	Al	S	Ca
重量百分比（%）	46.97	19.42	12.68	9.44	7.09	4.40
原子百分比（%）	34.86	28.65	8.27	14.50	9.17	4.55

试样的扫描电镜图如图2-42所示。可见，试样为块状盐，有结晶。

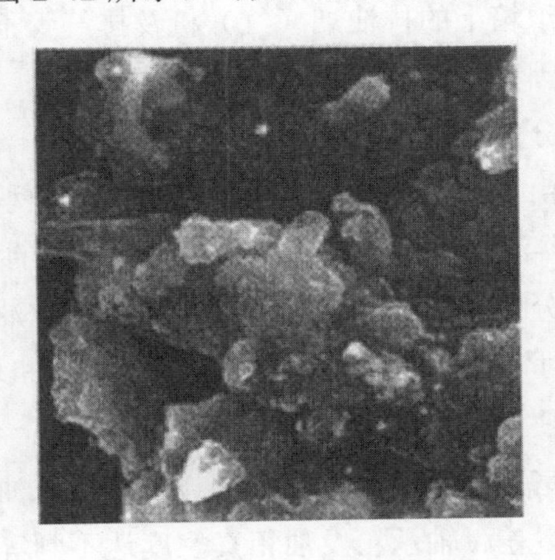

图2-42　试样的扫描电镜图

试样的红外光谱图如图2-43所示。$3424cm^{-1}$处的吸收对应羟基的特征吸收（γ_{OH}），而$2958cm^{-1}$、$2927cm^{-1}$处的吸收分别对应γ_{CH_3}、γ_{CH_2}，γ为波数，$1606cm^{-1}$、$1435cm^{-1}$处的吸收对应羧酸盐的对称振动与不对称振动。结合图2-42的分析结果，可推知$1031cm^{-1}$对应于$\gamma_{Si\text{-}O}$，$553cm^{-1}$附近的吸收对应$\gamma_{Fe\text{-}O}$。

综合以上两种仪器的分析结果，可推断油样中沉积物的主要成分为羧酸盐、硅酸盐、含羟基化合物和铁的氧化物，同时还含有较高含量的 Fe、Cu、Si、Al 等元素。

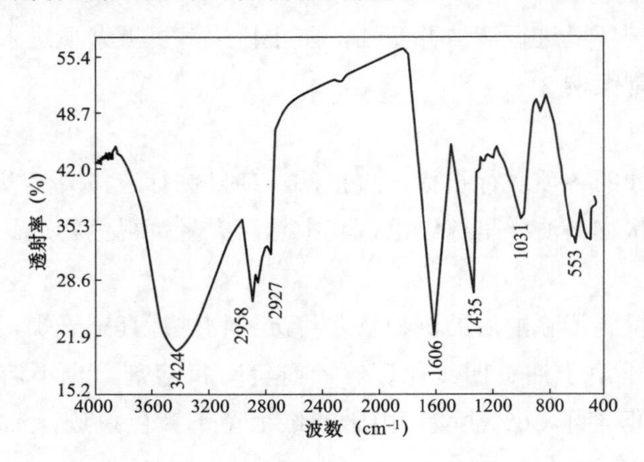

图 2-43　试样的红外光谱图

从以上沉积物的成分分析可知，油样中的沉积物不是由于油中添加的“746”防锈剂引起的。沉积物中硅酸盐的存在，说明有其他外界环境因素的影响。最大的可能是涡轮机油系统中有冷却水漏入，加之油品氧化产生酸性物质，如羧酸、羟基酸等。

涡轮机油中水分的存在会加速油质的老化及产生乳化。同时，还与油中添加剂作用促使其分解，导致设备锈蚀。涡轮机油中含水，表明是由于涡轮机端部汽封不严，蒸汽进入油系统，大气中湿气进入油箱，冷油器泄漏，以及机组大修时蒸汽吹扫油管路残留水分所致。此外，油箱轴承箱上的排油烟（气）机及排气管不能及时排出存留在箱内的湿气也是油中存水的一个因素。

涡轮机组运行中，水分能进入油系统主要有以下原因：一是涡轮机轴封系统工作不正常，导致轴封汽外冒。由于油系统是微负压，轴封汽从轴承油封处进入油系统，导致油中带水。二是由于冷油器泄漏，冷却水进入油系统后造成的油中带水。在一般情况下，正常运行机组油系统的水分主要来自轴封汽。轴封汽从轴承油封处进入油系统的主要原因是机组低负荷时，各轴封调节站的自动调节性能差；涡轮机轴封、轴承油封间隙偏大；涡轮机轴封处保温不当，使涡轮机轴封体与轴承油封体包在一起。另外，油箱排烟风机出力过大，使油箱、轴承室真空度过高，导致轴封汽被抽入油箱中。由于机组的轴封不严、汽封漏汽、润滑油质量差、轴承箱及油箱真空度达不到等诸多因素，导致涡轮机油系统中进水。同时，机组的安装、运行等环节没有达到设备清洁度要求，存在污物、杂质等也将影响涡轮机油的质量。

3. 案例处理

（1）提高设备运行可靠性。预防和消除涡轮机油系统进水是防止涡轮机油乳化的重要措施。为此，首先要确保产品设计和制造质量，即汽封装置结构设计合理、零部件加工符合工艺标准、材质满足高温运行要求；其次，是在机组安装过程中应严格按质量标准组装，汽封在保证汽封片不与大轴摩擦的前提下尽量调小汽封间隙并且在运行中具有自动调整间隙的性能，机组大修中如发现汽封片缺损、断裂、倒伏以及失去自动调整间隙性能等缺陷，应予修整或更换；再次，对于已运行机组，确认是汽封结构设计不合理而造成汽封漏汽量大时，可在端部汽封的外露轴段上加装阻汽环，以阻隔汽封漏汽窜入轴承箱内；最后，加强设备运行中的监视和调整。如供给涡轮机端部汽封装置的蒸汽压力要适当并符合规程要求，冷油器油侧的油压必须大于水侧的水压，防止因其管束破损使水进入油系统中。

涡轮机在低负荷时，轴封汽来自轴封汽调节站，调节站来的汽源品质靠调节阀自动调节。所以，调节阀调节性能的好坏直接关系到轴封系统的工作情况。

管理维持好轴封调节站是解决涡轮机低负荷时油中进水的关键。这里包括轴封蒸汽温度、压力调节阀调节性能、溢流调节阀调节性能和排放管的排放能力、调节控制策略、变负荷响应速率等。

（2）保证检修质量。随着机组运行水平的提高，机组大修的周期越来越长，检修质量对机组经济性、安全性的影响也越来越大，抓好设备检修质量就显得更为重要。在检修中，必须要严格执行检修技术标准，提高检修质量。

完善油箱负压系统以及轴承油封结构的设计，合理控制机组油系统的负压。在油箱排烟风机检修后要测量系统负压，系统负压不宜过高，以轴承油封不漏油即可，一般控制在30～75kPa。

在发电厂设备检修过程中，设备保温工作经常被忽略，然而，保温质量对设备安全运行至关重要。在轴封体处进行保温时，必须确保保温层与轴承之间有足够的间距，以确保在轴封汽外泄时，蒸汽不会受到油系统负压的影响而被吸入油系统中。

三、洁净度异常案例3

1. 情况简介

某水电厂400MW机组于2013年投产发电。2017年4月，筒阀涡轮机油颜色偏黑，油质检测结果显示仅颗粒污染等级超标，其他质量指标均正常，后续进行了跟踪复测。2017年12月4日，对运行中筒阀涡轮机油进行了金属磨粒及光谱元素检测：金属磨粒检测结果显示其内部污染颗粒铁磁性物质含量为零；光谱元素检测结果显示其内部污染颗粒多为添加剂元素，磨损元素含量几乎为零。筒阀涡轮机油颗粒污染等级跟踪检测结果如表2-73所示。

表2-73　　筒阀涡轮机油颗粒污染等级跟踪检测结果　　单位：个

颗粒度尺寸检测日期	2017年4月11日	2017年6月6日	2017年9月7日
5～15μm，颗粒数/100mL	109643	103357	71797

续表

颗粒度尺寸检测日期	2017 年 4 月 11 日	2017 年 6 月 6 日	2017 年 9 月 7 日
15～25μm，颗粒数/100mL	1580	723	320
25～50μm，颗粒数/100mL	70	40	7
50～100μm，颗粒数/100mL	3	0	3
＞100μm，颗粒数/100mL	0	0	0
颗粒污染等级	9 级	9 级	9 级

2. 案例分析

运行中涡轮机油污染颗粒来源极其复杂，简单概括为以下几方面：

（1）新油验收监督不严。GB/T 14541—2017《电厂用矿物涡轮机油维护管理导则》规定：新油验收检验项目至少包括外观、色度、运动黏度、黏度指数、倾点、密度、闪点、酸值、水分、泡沫性、空气释放值、铜片腐蚀、液相锈蚀、抗乳化性、旋转氧弹、清洁度（颗粒污染等级），同时应向供应商索取氧化安定性、承载能力及过滤性的检测结果，并确保其符合 GB 11120—2011《涡轮机油》的要求。在实际生产过程中，某些电厂因为用油量较少或者试验条件不足等原因，并未按上述标准要求执行，通常仅仅向生产厂家索取一张"产品质量合格证"，产品质量完全由厂家一言而定。新油验收监督不严将导致涡轮机油在炼制、灌装、运输等过程中产生的机械杂质直接进入运行油系统。

（2）换油操作不规范。当油质劣化需要更换机油时，应确保在操作过程中检查油系统和油箱是否存在油泥等杂质残留。为此，应使用冲洗油进行彻底冲洗，冲洗后的冲洗油质量不得低于运行油的标准。在新油注入设备后，应对其进行过滤处理，并在过滤过程中随时取样测试颗粒污染等级，直至抽样结果等级达到 7 级。这样的操作过程旨在确保油质的纯净度，避免因杂质而导致的潜在设备故障。

（3）运行油的日常净化处理方法对水电厂的影响。目前，绝大多数水电厂采用板框式机械过滤与真空过滤联合使用的方式，对运行油进行净化处理。机械过滤是用于滤除运行油中的机械杂质，其截污能力取决于过滤介质及其过滤孔径。通常，水电厂的板框式机械滤油器使用普通滤纸，而普通滤纸的孔径较大，对细小机械杂质的滤除能力有限。因此，一些细小的机械杂质可能始终残存于运行油系统中。

（4）取样方法的影响。取得具有代表性的油样是试验结果真实可靠的前提，同时取样瓶的洁净度、取样过程中大气浮尘等杂质的引入等都会导致颗粒污染等级试验结果偏高。

（5）颗粒污染等级试验条件的影响。有研究表明：同样的颗粒污染等级检测过程，环境温度在常温到 45℃之间时，随着温度的升高，油样中水分含量会逐渐降低，颗粒度呈下降趋势；超声振荡后直接检测油中颗粒数会使试验结果较超声后静置 24h 测试结果偏大约 5000/100mL。

（6）其他来源。空气中的浮尘可能通过密封不严的密封面进入油系统、油泵等部件，这些部件的磨损以及在线滤油机滤芯更换不及时等因素，都可能导致运行油颗粒污染等级超标。

电厂筒阀涡轮机油系统用油量为13t，接力器型号为YJL360/YJL390，主接力器（3个）油缸直径/行程为360mm/2563mm，辅接力器（3个）油缸直径/行程为390mm/2563mm。主接力器与辅接力器内部结构一致，其中均含有U形圈、O形圈、防尘圈。

综合考虑上述所有污染颗粒来源途径，根据2017年12月4日运行中筒阀涡轮机油金属磨粒及光谱元素检测结果，结合现场筒阀涡轮机油系统实际情况，判断筒阀涡轮机油中污染颗粒主要来源于筒阀接力器内部U形圈、O形圈及防尘圈的磨损。

3. 案例处理

结合筒阀涡轮机油系统实际运行情况，该电厂采取了以下处理措施：查找整个筒阀涡轮机油系统密封不严的密封面，并进行整改；更换筒阀涡轮机油系统用油；购买并加装在线静电滤油机（额定流量8～20L/mm）。目前该机组筒阀涡轮机油颗粒污染等级已恢复正常。

四、洁净度异常案例4

1. 情况简介

某公司两台600MW发电机组，每台机组配置两台100%容量的汽动给水泵，一台35%容量的电动给水泵，A、B汽动给水泵各由一台给水泵涡轮机驱动。2017年下半年以来，1号机组B给水泵涡轮机间断出现润滑油颗粒度轻微超标（NAS9级）情况，润滑油的其他监督指标均在合格范围之内，投入滤油机运行一段时间后，油质会逐渐好转至合格，但滤油机停运一段时间后，润滑油油质又会反复出现颗粒度超标情况。公司其他几台给水泵涡轮机的润滑油油质均比较稳定，不会出现油质不合格的情况。

2. 案例分析

虽然1号机B给水泵涡轮机油颗粒度超标的情况不是很严重，但反复的颗粒度超标情况引起了技术管理部门的高度重视，相关技术人员对给水泵涡轮机油粒度超标的可能原因展开了分析，并对各种可能的原因进行了排查。

检修过程遗留污染物。给水泵涡轮机润滑油系统部件在检修过程中如留下了污染物，如毛发、铁屑、焊渣、灰尘等在检修结束后没有及时、彻底地清理，停留在系统中就有可能不断地污染油质。利用机组调停的机会，检修人员对1号机B给水泵涡轮机油箱进行了彻底清理，特别是对油箱底部死角均用湿面粉团进行了吸附清理，清理结束后点检员进行了严格的验收检查。对给水泵涡轮机的润滑油滤网进行了清洗，对给水泵涡轮机油板冷器油侧进行了彻底清理，开机后给水泵涡轮机运行一段时间还是出现润滑油颗粒度超标情况，该项原因排除。

给水泵涡轮机油箱密封性差。如果1号机B给水泵涡轮机油箱的密封不好，由于油箱处于微负压状态，油箱周围空气中的污染物就会通过缝隙进入油系统，污染油质。在1号机B给水泵涡轮机运行中对润滑油箱进行了拉网式的查漏，没有发现漏点，该项原因排除。

给水泵涡轮机油箱负压大。如给水泵涡轮机油箱负压调整过大，空气中的微小颗粒就会通过给水泵涡轮机轴承的油挡进入各轴承箱，进而污染润滑油。运行规程要求控制给水泵涡轮机油箱在－0.5kPa以上的微负压运行，实际运行控制各台给水泵涡轮机油箱负压在－1.0～1.5kPa，各台给水泵涡轮机均按这一标准控制，唯独1号B给水泵涡轮机会出现颗粒度反复超标，理论上可排除这一原因；同时也试着将1号B给水泵涡轮机油箱负压调整至－0.8kPa左右运行一周时间，油质情况没有改善，进一步排除油箱负压大原因。

润滑油系统存在磨损。给水泵涡轮机和汽动给水泵各轴承如存在轴颈和轴承的摩擦，将会产生金属屑，污染润滑油。从1号机B给水泵涡轮机的运行状况分析，给水泵涡轮机和汽动给水泵各轴承温度和振动均在正常范围，没有超温情况，检修人员将各轴承进行解体检查也没有发现轴承和轴颈有明显磨痕，该项原因排除。

润滑油油质委外检测。公司在对1号机B给水泵涡轮机油颗粒度超标原因进行逐一排查后，认为只有进一步了解构成颗粒度的具体组成成分才能对症查找原因，经检测B给水泵涡轮机油颗粒度为NSA9级，用有机溶剂稀释后化验B给水泵涡轮机油颗粒度降为NSA8级，且润滑油中有油泥析出，导致B给水泵涡轮机油颗粒度超标的原因为润滑油中含有劣化的油泥。

已确定1号机B给水泵涡轮机油润滑油颗粒度超标的主要原因是含有劣化的油泥。为了解决这个问题，技术团队将专注于寻找油泥产生的原因。根据文献资料，油泥是由固体污染物、水、树脂等组成的沉积物，在空气、热量、水分或其他污染物的影响下生成。润滑油产生油泥的因素，主要是因为润滑油受氧化后，在高温和高压环境和金属催化作用下发生聚合形成胶质而成。由此可知，如果1号机B给水泵涡轮机油润滑系统现场存在高温、水蒸气和空气中悬浮物等条件，就有可能在一定条件下生成油泥。

针对上述因素，技术人员对1号机B给水泵涡轮机润滑油系统展开了排查。在热源排查方面，主要是在现场对每一处润滑油管路是否存在和高温管道接触及靠近进行全面检查，发现存在个别润滑油管路局部和高温管道靠得比较近，对该处润滑油管道外壁用红外线测温枪测温达到100℃以上，即存在局部高温的情况。

在对比分析公司另外三台给水泵涡轮机油油质检测报告中又有新发现：1号机B给水泵涡轮机的水分虽然没有超标但明显有水分偏高情况，在现场检查B给水泵涡轮机轴封漏汽情况，给水泵涡轮机高压端轴封没有明显的漏汽，但用红外线测温仪测量高压端轴承箱外壳温度有100℃，表明轴封有轻微的漏汽，检查给水泵涡轮机低压端轴封情况比较正常。同时检查发现B给水泵涡轮机高压端轴封处汽缸保温层比较厚，保温外壳与轴承箱之间的间隙较小，如果轴封有轻微的漏汽将不能及时排走，可能被轴承内的负压吸入润滑油系统，使油中含有一定的水分。由于给水泵涡轮机排烟风机一直在运行，油中的不凝结气体和蒸发的水分会被排烟风机源源不断地抽吸排走，因此水分没有超标，但凝结下来的水分则不能被排烟风机抽吸排走，遗留在润滑油中，造成润滑油中含有一定的水分。

由于空气无处不在，而给水泵涡轮机的轴承内处于微负压状态，空气会不可避免地进入润滑油中，空气中的悬浮物或多或少地也会进入润滑油中。

经过对1号机B给水泵涡轮机润滑油系统现场排查发现，B给水泵涡轮机润滑油系统客观存在产生油泥的环境，确定了1号机B给水泵涡轮机油中产生油泥的主要原因为系统存在高温热源、给水泵涡轮机高压端轴封存在轻微漏汽。

3. 案例处理

热源的隔离。关于1号机B给水泵涡轮机油管局部与高温热源靠近的问题，检修人员采取加装隔热板的方法隔离热源，避免高温热源加热导致润滑油乳化。经过现场逐一的处理，消除了部分油管局部被靠近的高温蒸汽管道加热的缺陷，将热源隔离。

轴封轻微漏汽的治理。针对1号机B给水泵涡轮机高压端轴封轻微漏汽的问题，运行人员采取了精细调整高压端轴封进汽分门的方法，逐渐关小进汽分门，并结合对高压端轴承箱外壁测温的手段，最终将轴封汽量调整至轴承箱外壁温度80℃以下，实现了基本消除漏汽现象，控制轴封漏汽量，从而减少了润滑油中的水分源头。同时，对给水泵涡轮机高压端外缸保温层进行了适当的削薄处理，加大了保温外壳与轴承箱之间的间隙，使得即使存在轻微的轴封漏汽现象，也能顺畅地排出至大气中，进一步消除了润滑油含水的源头。

经过采取上述措施，运行一段时间后，再次化验1号机B给水泵涡轮机的油质，润滑油的水分已降低到了30.0mg/L以下，润滑油颗粒度降低到了7级水平，经过近一年的运行时间检验，1号机B给水泵涡轮机油颗粒度超标问题已得到了彻底的解决。

五、洁净度异常案例5

1. 情况简介

某300MW机组自结束大修进入C20燃料循环后，润滑油的重要控制指标之一的颗粒度在3个月内仍然频繁出现颗粒度超控制值（NAS7级）的异常现象，颗粒度最高达到NAS10级，期间多次开启分子滤油机进行滤油，效果不明显，在增加外设的脱水滤油机进行滤油后，颗粒度勉强控制在NAS7级附近。润滑油颗粒度持续出现超标现象，这一问题的反复次数之多和持续时间之长是前所未有的。

2. 案例分析

（1）油系统的密封问题导致外界污染物进入的排查。在分析润滑油历史取样数据的过程中，发现在前一年的大修期间，由于涡轮机现场进行了打磨作业，粉尘较多，导致润滑油取样颗粒度出现了异常的NAS8级情况。为了深入调查可能存在的外界污染物对润滑油颗粒度的影响，采取了以下措施：

1）通过前期精密的优化调整，已将抽汽管位置确定在合适处，从而避免任何灰尘可能被抽汽管误吸入轴承。

2）为了防止碳粉从底板处泄漏出来，并通过油挡的负压区进入润滑油，已安排专业的维修人员对8号瓦集电环底座进行涂抹密封胶处理。

3）为了防止涡轮机轴瓦处的微真空将灰尘吸入轴承，已对此处进行了清灰处理。

在以上措施实行后，在滤油机持续投运的情况下，取样结束时显示颗粒度高的现象依旧稳定存在，由此可见，外部污染物进入润滑油导致颗粒度超标不是主要原因。而涡轮机厂房的内部环境较去年无变化，初步排除外界杂质环境对于润滑油颗粒度的影响。

（2）机组内部的机械磨损导致金属杂质的增加的排查。根据以往的运行经验，当颗粒度超标后，投运分子滤油机，持续滤油能改善颗粒度并使之在较短的时间内回到限制之内。但是在这次润滑油颗粒度超标的一段时间内，投入分子滤油机进行滤油，效果不明显。

此外金属颗粒超标的预期影响并未出现，机组各瓦的轴振、轴温等在颗粒度持续高的时间内未见异常。

根据多次取样结果显示，样本中颗粒尺寸65%集中在5～15μm；20%的颗粒尺寸集中在15～25μm；微量颗粒尺寸在25～50μm；大于50μm的颗粒始终没有发现。

同时通过与以往的金属杂质含量检测结果进行对比，发现金属含量并没有异常增高。因此由上判断，此次润滑油内的颗粒度并非真实超标；由机组内部的机械磨损导致的颗粒度增加的情况并不适用于此次油质超标现象。

（3）油系统内部环境的变化导致颗粒度变化的排查。经过对历次大修所使用的油品进行对比，同时对取样结果进行分析，发现油样中的出泥、乳化、金属锈蚀等指标与历次大修的数据差异并不显著。因此，单纯以内部环境变化导致颗粒度变化为由并不足以充分解释这一现象。

（4）取样偏差的干扰原因的排查。通过以上措施进行验证排查后，排查小组的研究重心开始转向对取样结果有偏差的干扰因素的研究。

油样中的水分含量偏大时，极易乳化成半透明状。有水聚集在一起，会造成测量仪器出现颗粒度超标的偏差现象。为了监测润滑油颗粒度的情况，排查小组特意增加了润滑油的取样频率；并通过对润滑油取样管线持续冲洗后再取样，以及增设4个不同位置的取样点来增加样本的可靠、真实程度，使之具有代表性。

为了验证水分对润滑油颗粒度取样结果的影响，在颗粒度持续出现突破8级的情况下，通过仅对润滑油投运分子式滤油机（不过滤水分）进行连续滤油 24h 后取样，发现颗粒度仍然是 8 级。然而，当投入外设的脱水滤油机持续运行后，随着含水量的降低，颗粒度指标也开始呈现下降的趋势。

3. 案例处理

经过与机组历年大修后的试验数据进行比对，发现上一次大修后，含水量虽未超过控制值（100mg/L），但始终处于一个相对较高的水平。

一般涡轮机油中出现水分增加情况的原因如下：

（1）冷油器管束泄漏。

（2）冷油器底部存有杂质。

（3）环境湿度对油质的影响。

（4）涡轮机轴封有漏气现象。

在对比并分析历年的机组试验数据和运行状况后，通过排除其他可能原因后，初步判定：润滑油水分增高的主要原因是机组存在一个现有缺陷，即涡轮机高压缸前轴封漏气。

经过深入分析和验证，确定了以下故障原因：在机组满功率运行期间，高压缸的排汽压力随着涡轮机功率的增加而显著上升，导致高压缸前轴封 Y 腔室的排汽压力升高。由于部分蒸汽未能及时被轴封抽汽管抽走，这些蒸汽从前轴封处泄漏。这些泄漏的蒸汽透过涡轮机前轴承箱外挡的间隙，被吸入润滑油系统中，导致润滑油含水量增加。类似的现象在大修期间也曾出现过。大修后启动冲转过程中，涡轮机轴封系统真空建立不正确，各汽缸两端轴封未能有效防止轴封蒸汽从转子外伸端处漏出进入大气，直接导致润滑油进水，油质恶化。

随后，为了满足电网调峰的需求，涡轮机组降低至 200MW 运行。在此期间，发现高压缸前轴封的漏气量发生了显著变化。通过现场观察，仅发现了微量的漏气。为确保设备的正常运行，维修人员立即停止了所有的滤油工作。在低功率运行 20 多天的过程中，进行了多次化学分析以监测润滑油的颗粒度和水分含量。结果显示，润滑油的颗粒度和水分含量都处于极低的水平。这一结果证明了设备的运行状态良好，没有出现异常情况。

机组升至满功率后，现场发现轴封漏气量增大，润滑油的水分、颗粒度也随着大幅升高。

通过以上排查可以基本判定高压缸前轴封漏气作为此次润滑油水分、颗粒度持续几个月反复超标的原因。

为了限制轴封漏气对含水量的影响，从而控制润滑油颗粒度超标的现象，运行、维修人员共同配合，通常采取了多种措施进行控制：

（1）现场已安装临时抽吸及接水装置。

（2）每天对高压缸前轴封漏气情况及各涡轮机轴封压力进行跟踪。

（3）调整就地轴封压力至 0.021MPa（表压）。

（4）对润滑油定期取样，跟踪油质水分及颗粒度，视情况安排润滑油脱水/滤油工作。

（5）在现场增加了第二台脱水滤油机。

而后排查小组针对轴封漏气故障原因，在现场安装了临时抽汽管，抽走了外漏的蒸汽，减少了漏入轴承箱的蒸汽总量，以达到降低润滑油含水量的目的。对现有临时抽汽装置进行优化的具体方案如下：

现场增加两台临时抽汽的轴流风机，分别从高压缸左侧、右侧抽走轴封漏气。其中抽汽管吸入端选用直径为 130mm 的圆管，从高压缸底部与前轴承箱底部之间的空隙送至前轴封附近，并可靠固定；抽汽管吸入端与轴流风机吸风口通过柔性风管连接，轴流风机安装至 4 号厂房凝汽器底部坑内，直接将吸入的蒸汽排入坑内。

将现场安装在高压缸轴封处的临时抽汽装置改为临时鼓风装置，维持现有安装位置不变，将原轴流风机的排风口与风管连接向高压缸前轴承箱与前轴封处送风，形成正压，便于底部的抽汽装置及时抽走泄漏的蒸汽。

自从高压缸前轴封处的临时抽汽装置在进行改进优化以来，润滑油颗粒度超标的现象极少出现。

第五节　其他异常案例

一、其他异常案例 1

1. 情况简介

某电厂二期工程安装 2×600MW 国产超临界燃煤发电机组（3、4 号机组）于 2008 年相继建成投产。2011 年 8 月检修人员发现，4 号机组涡轮机 3～6 号轴瓦下 A 排 45° 部位存在不同程度的烧蚀，5 号瓦块较为严重，6 号瓦块最为严重（不但有黑黄色异物附着在瓦块上，且伴有轻度损伤），另外发电机密封瓦也出现一定的烧蚀。4 号涡轮机 5、6 号瓦块及发电机密封瓦烧蚀情况如图 2-44 所示。

(a)5号瓦块

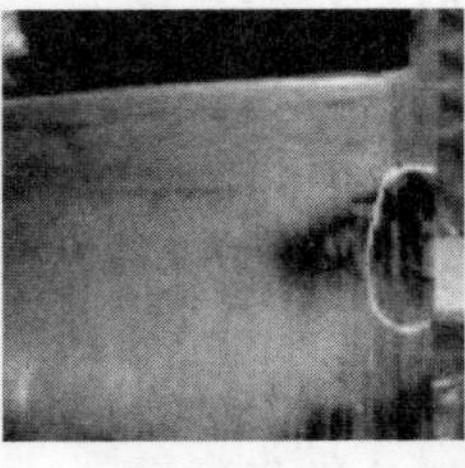
(b)6号瓦块

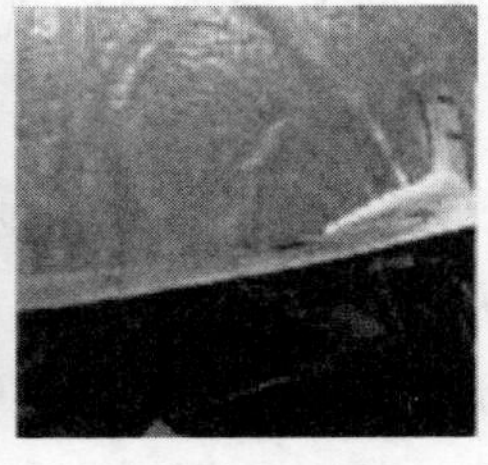
(c)密封瓦

图 2-44　4 号涡轮机 5、6 号瓦块及发电机密封瓦烧蚀情况

2. 案例分析

密封瓦块发生电腐蚀时的情况如图 2-45 所示。瓦块发生电腐蚀时，放电瞬间温度非常高，能够灼烧乌金晶体，使晶体颗粒变粗、开裂，因此电腐蚀的结果为瓦块本体灼烧部位出现许多发黑、凹凸不平的麻坑、麻点。图 2-44 中 5 号及 6 号瓦块本体较为光滑，发电机密封瓦烧蚀部位也无典型的“麻坑”特征，且轴电压正常，不应出现机组轴系产生轴电流并传至轴瓦击穿油膜放电等现象。综上可初步认为：该厂 4 号机组涡轮机轴瓦及发电机密封瓦的烧蚀与电腐蚀无关。

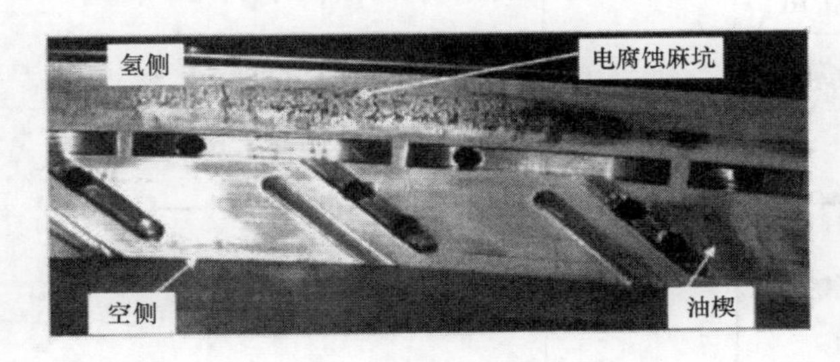

图 2-45 密封瓦块发生电腐蚀时的情况

图 2-44 中 5 号、6 号瓦块上的黑黄色异物应来自外界，类似某物质的碳化产物，而非瓦块自身烧蚀产生；发电机密封瓦烧蚀程度较轻，推测此处温度较 5、6 号瓦块低。于烧蚀部位取样，用元素分析仪及 X 射线荧光光谱仪对其进行元素分析，结果表明黑黄色异物主要组成元素为碳（C），其次是氧（O），此外还有极少量的铁（Fe）、铜（Cu）、锡（Sn）、锑（Sb）、铅（Pb）等金属元素（黑黄色异物元素分析结果见表 2-74）。与涡轮机轴瓦及发电机密封瓦接触的介质为涡轮机油，结合表 2-74 的元素分析结果，认为瓦块上的黑黄色异物应该是涡轮机油的碳化产物。

表 2-74　　黑黄色异物元素分析结果

元素组成	C	O	Fe	Cu	Sn	Sb	Pb
质量分数（%）	61.56	30.81	3.17	0.48	3.06	0.89	0.03

该厂 4 号机组使用国产 32 号抗氧防锈涡轮机油，自机组投产后主机油未进行过整体更换，油位下降时补充新油，运行至 2013 年已有 5 年之久，涡轮机油呈深红色。依据 GB/T 7596—2017《电厂运行中矿物涡轮机油质量》及 GB 11120—2011《涡轮机油》，对 4 号机组涡轮机油及新油主要项目进行检测，结果如表 2-75 所示。

表 2-75　　4 号机组涡轮机油及新油检测结果

检验项目	检验结果		质量指标		试验方法
	涡轮机油	新油	涡轮机油	新油	
外状（观）	透明	透明	透明	透明	DL/T 429.1《电力用油透明度测定法》
运动黏度（40℃，mm^2/s）	33.75	32.17	28.8～35.2	28.8～35.2	GB/T 265《石油产品运动粘度测定法和动力粘度计算法》

续表

检验项目	检验结果		质量指标		试验方法
	涡轮机油	新油	涡轮机油	新油	
黏度指数	—	95	—	≥90	GB/T 1995《石油产品粘度指数计算法》
倾点（℃）	—	−22	—	≤−6	GB/T 3535《石油产品倾点测定法》
闪点（开口）（℃）	211	218	≥180，且不低于前次测定值 10	≥186	GB/T 3536《石油产品 闪点和燃点的测定 克利夫兰开口杯法》
酸值（mgKOH/g）	0.176	0.121	未加防锈剂：≤0.2；加防锈剂：≤0.3	≤0.2	涡轮机油用 GB/T 264《石油产品酸值测定法》；新油用 GB/T 4945《石油产品和润滑剂酸值和碱值测定法（颜色指示剂法）》
液相锈蚀（涡轮机油用蒸馏水试验，新油用合成海水试验）	中锈	无锈	无锈	无锈	涡轮机油用 GB/T 11143《加抑制剂矿物油在水存在下防锈性能试验法》
破乳化度（54℃，min）	＞60	9.8	≤30	≤15	涡轮机油用 GB/T 7605《运行中汽轮机油破乳化度测定法》；新油用 GB/T 7305《石油和合成液水分离性测定法》
水分（mg/L）	65	—	≤100	—	涡轮机油用 GB/T 7600《运行中变压器油和汽轮机油水分含量测定法（库仑法）》；新油用 GB/T 11133《石油产品、润滑油和添加剂中水含量的测定 卡尔费休库仑滴定法》
水分（%）	—	0.0016	—	≤0.02	
起泡沫试验（24℃，mL）	360/0	30/0	≤500/10	≤450/0	GB/T 12579《润滑油泡沫特性测定法》
起泡沫试验（93℃，mL）	50/0	10/0	≤50/10	≤50/0	
起泡沫试验（后 24℃，mL）	350/0	20/0	≤500/10	≤450/0	
空气释放值（50℃，min）	7.1	5.5	≤10	≤5	SH/T 0308《润滑油空气释放值测定法》针对 1 号机 B 给水泵涡轮机高压端轴封轻微漏汽的问题，运行人员采取了精细调整高压端轴封进汽分门的方法，逐渐关小进汽分门，并结合对高压端轴承箱外壁测温的手段，最终将轴封汽量调整至轴承箱外壁温度 80℃以下，实现了基本消除漏汽现象，控制轴封漏汽量，从而减少了润滑油中的水分源头。同时，对给水泵涡轮机高压端外缸保温层进行了适当的削薄处理，加大了保温外壳与轴承箱之间的间隙，使得即使存在轻微的轴封漏汽现象，也能顺畅地排出至大气中，进一步消除了润滑油含水的源头
旋转氧弹值（min）	117	308	报告	报告	NB/SH/T 0193《润滑油氧化安定性的测定 旋转氧弹法》
油泥	有（多）	无	—	—	DL/T 429.7《电力用油油泥析出测定方法》

由表 2-75 检测结果可知，4 号机组涡轮机油液相锈蚀和破乳化度超出涡轮机油标准要求，且油中有大量油泥析出（见图 2-46）。另外，GB/T 14541—2017《电厂用矿物涡轮机油维护管理导则》中指出：涡轮机油 T501 抗氧剂含量（质量分数）应不低于 0.15%，当含量低于规定值时应补加。参照 GB/T 7602.3《变压器油、汽轮机油中 T501 抗氧化剂含量测定法 第 3 部分：红外光谱法》测得 4 号机组涡轮机油的 T501 含量仅为 0.05%。对其进行开口杯老化试验，老化后油的颜色变为棕褐色不透明状，且旋转氧弹值由老化前的 117min 降至 51min，达到 NB/SH/T 0636《L-TSA 汽轮机油换油指标》中的换油标准。

图 2-46　4 号机组涡轮机油油泥析出

由表 2-75 检测结果还可看出，新油的空气释放值超出标准要求，且其旋转氧弹值偏低。对新油进行开口杯老化试验，老化后油的颜色明显变深，有少量油泥析出，旋转氧弹值由老化前的 308min 降至 139min。这一结果表明，新油的抗氧化能力和热稳定性较差。

新油投运后，受温度、氧气、金属催化等作用，会发生一定程度的氧化，其中温度对油品氧化速率的影响非常大，温度越高，油的氧化速率越快。高温下，碳氢化合物极易发生热裂解，形成不稳定的化合物，不但会造成涡轮机油油膜特性变差，而且还会进一步聚合形成大分子有机酯，如树脂、胶质及油泥。当油系统存在局部过热点时，这些大分子有机酯易碳化，形成焦炭后可在轴承箱、油密封环上堆积。如果涡轮发电机组转轴碰上积炭，很可能会引起严重磨损、拉伤；若焦炭堆积在乌金轴瓦最薄油膜处，甚至会改变轴承的稳定特性以及大轴中心线。结合试验分析得出，4 号机组涡轮机轴瓦烧蚀主要是因为涡轮机油发生了严重的氧化反应，并在过热环境下碳化解聚形成了碳化物。涡轮机油氧化后，一方面其油膜的韧性及厚度变差，润滑效果削弱，增大了轴瓦发生摩擦的可能性，由瓦块烧蚀及瓦块上黑黄色异物中含有 Fe、Cu、Sn、Sb、Pb 等无机金属元素均可推测，瓦块发生了轻度磨损；另一方面，涡轮机油冷却性能下降，导致局部轴瓦温度较高，在润滑、冷却效果越来越差及瓦温越来越高的情况下，作为碳氢化合物的有机物质开始部分甚至完全碳化、裂解形成无机物，析出、黏附在瓦块金属表面。

综上所述，因涡轮机油氧化导致其润滑、冷却性能下降，造成轴瓦散热不良，产生的热量无法被及时带走，迫使相关区域内温度逐步升高，碳氢化合物分子链逐渐断裂，无机碳化物不断形成、黏附并堆积在瓦块上。在多重因素的相互作用和影响下，瓦块局部温度越来越高，最终发生烧蚀。

3. 案例处理

（1）严把新油验收及入库关。为保证涡轮机油的质量，在油品入库前须严格按照GB 11120—2011《涡轮机油》逐项对新油进行验收，凡有一项指标不合格，则不能入库，杜绝“问题油”“二手油”的流入。

（2）及时消除系统缺陷。机组检修时，应对润滑系统包括油箱、冷油器、轴承轴瓦连接管路、调速器、调速汽阀等容器、管路、部件进行检查，了解其锈蚀、磨损、油垢沉积情况，据此估测润滑油的运行工况及油品质量。为防止水分和机械杂质进入涡轮机润滑系统，须及时消除气动油泵和汽封等向系统泄漏水汽的缺陷并检查冷油器的严密性。机组投运前或检修后，采用大流量、变温、变速、沿管路向下游敲打等方法对润滑系统进行彻底的油冲洗，冲洗过程中冲洗流量一般应不低于系统额定流量的2倍，并注意对系统管线进行循环、分段冲洗，必要时进行酸洗、碱洗、钝化。对于新建机组，所有的充油腔室、阀门、管路需呈现出金属表面，机组安装时产生的焊渣、碎屑、金属表面氧化皮等颗粒杂质须一并清除。之后，用质量合格的新油再进行反复冲洗并用精密过滤器过滤，确保油中颗粒污染度达到机组启动要求。

（3）加强油质日常监督及维护。机组运行阶段，温度、水分、氧气、金属碎屑及其他颗粒杂质等均会影响油品质量。当涡轮机油某项或某些指标出现异常变化时，须加强对该项目的及时监督与跟踪，并据此指导现场工作。日常须定期检查保温情况及供油系统温度，确保润滑系统无超温现象。由于润滑系统油温过低可能会带来油膜失稳、机组振动等故障，因此提高润滑油温度、降低其黏度及油膜阻尼被作为提升轴承稳定性的一个辅助手段。然而，油温过高又会加速油质老化，因此涡轮机油的温度须控制在合理的范围内。另外，须定期放出油箱内的水分和污物，保持油系统清洁。油质劣化后须采取有效手段及时恢复其性能指标。例如对油品进行再生，通过补加涡轮机油抗氧剂、防锈剂或消泡剂来提高其相应性能等，避免因劣化产物的累积而促进、催化涡轮机油的深度变质。若油质过差，需择情考虑换油，换油前必须进彻底清洗，以消除系统残留物对所换新油的污染。

二、其他异常案例2

1. 情况简介

某电厂 2×600MW 机组主机润滑油及电动给水泵润滑油均使用某润滑油厂生产的32号防锈涡轮机油。运行1年多后发现1号机组主机涡轮机油由棕黄色逐渐加深为红棕色，而A给水泵涡轮机油逐渐变为绿色直至墨绿色。按照国家相关标准对油质进行检测，1号机组油质检测结果见表2-76。由表2-76可见，主机涡轮机油泡沫特性超标，A给水泵涡轮机油破乳化度超标，二者抗氧化性能均较差，且油中有痕量油泥析出。

表 2-76　　1号机组油质检测结果

检验项目		主机涡轮机油	A给水泵涡轮机油	GB/T 7596—2017《电厂运行中矿物涡轮机油质量》质量指标
外状		透明	不透明	透明
颜色		红棕色	墨绿色	
运动黏度（40℃，mm^2/s）		32.25	32.16	28.8～35.2
酸值（mgKOH/g）		0.070	0.118	≤0.3（加防锈剂）
破乳化度（54℃，min）		19.8	＞60	≤30
水分（mg/L）		10	11	100
起泡沫试验（mL）（倾向性/稳定性）	24℃	360/0	190/0	500/10
	93℃	60/0	50/0	50/10
	后24℃	350/0	180/0	500/10
旋转氧弹（150℃，min）		178	166	报告值
油泥		痕迹	痕迹	

2. 案例分析

（1）元素分析及红外光谱分析。由于润滑油系统含有铜铸部件，为排除铜被腐蚀产生蓝绿色的 Cu^{2+} 导致涡轮机油变绿，对涡轮机油进行元素检测，结果见表 2-77。由表 2-77 可见，A给水泵涡轮机油中，除C、H外还有极少量的S，其元素组成和含量与新油以及未变绿的主机涡轮机油接近，且均未检测出其他元素，说明A给水泵涡轮机油变绿并非铜或其他金属元素进入油中所致。

表 2-77　　涡轮机油元素检测结果　　单位：%

样品名称	C	H	S
新油	86.22	13.34	0.0589
主机涡轮机油	86.24	13.50	0.0533
A给水泵涡轮机油	86.41	13.38	0.0558

对该涡轮机油进行红外光谱检测，主机涡轮机油红外光谱图、A给水泵涡轮机油红外光谱图见图 2-47、图 2-48。图 2-47 中，2954cm^{-1}（s）、2924cm^{-1}（s）和 2854cm^{-1}（s）为烷烃的碳氢伸缩振动峰；1462cm^{-1}（s）、722cm^{-1}（m）为烷烃的碳氢弯曲振动峰，这些均为涡轮机油常规吸收峰。在 3640～3610cm^{-1}、3600～3500cm^{-1}、3500～3200cm^{-1} 未出现酚羟基的特征吸收峰，说明油中无酚型抗氧剂或在运行中已耗尽。图 2-48 中 2727cm^{-1}（w）处的双峰为醛类化合物的特征峰，表明A给水泵涡轮机油因劣化可能产生醛类物质。1155cm^{-1}（w）处的碳碳伸缩振动峰说明油中还可能含有少量酮类物质。括号中 s、m、w 分别表示强、中、弱三种强度。

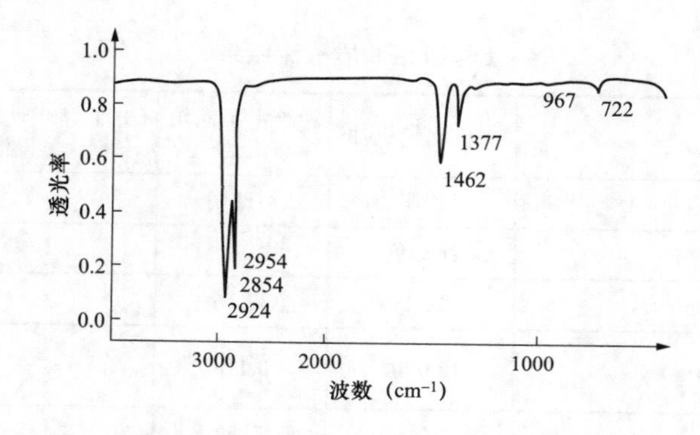

图 2-47　主机涡轮机油红外光谱图

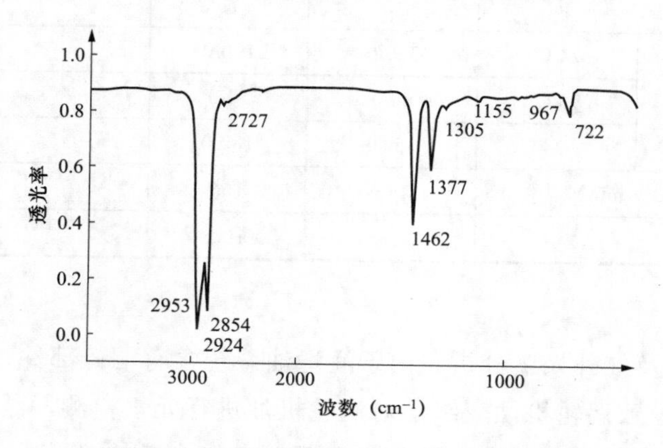

图 2-48　A 给水泵涡轮机油红外光谱图

（2）pH 值调节显色试验。对该涡轮机油进行开口杯老化试验，A 给水泵涡轮机油老化后在烧杯底部沉积有大量绿色油泥。有研究表明，涡轮机油所用的胺型抗氧剂运行中易产生沉淀并使油变色，原因是油中的二苯胺型抗氧剂低温下氧化生成一种以醌为骨架的含氮化合物，其在弱酸条件下显蓝绿色。为此，将 KOH-乙醇溶液搅拌滴入运行油中，发现绿色逐渐消失，涡轮机油变为红棕色。在此基础上加入稀酸，部分绿色显现。静置后颜色发生分层，上层呈红棕色，下层呈绿色。结合红外光谱分析可以推测，导致涡轮机油变绿的原因可能是因其含有的胺型抗氧剂氧化、劣化所致。

3. 案例处理

将强效极性分子吸附剂加入涡轮机油中，于 60℃水浴中均匀搅拌 1h，再生处理后油质指标见表 2-78。由表 2-78 可见，涡轮机油再生处理后颜色恢复正常，且油质指标得到了显著改善，说明吸附剂能有效去除油的各项劣化产物。

表 2-78　　再生处理后油质指标

检验项目	主机涡轮机油	A 给水泵涡轮机油
外状	透明	透明
颜色	橙黄色	橙黄色

续表

检验项目		主机涡轮机油	A给水泵涡轮机油
酸值（mgKOH/g）		0.020	0.023
破乳化度（54℃，min）		2.2	2.6
起泡沫试验（mL）（倾向性/稳定性）	24℃	80/0	20/0
	93℃	40/0	40/0
	后24℃	140/0	70/0
旋转氧弹（150℃，min）		158，加入T501后为347	120，加入T501后为326
油泥		无	无

三、其他异常案例3

1. 情况简介

2008年12月，某电厂8号机组涡轮机油由黄色变为墨绿色，主要用于向涡轮发电机组各轴承及盘车装置提供润滑油，向调节系统、保安系统提供部分用油，向发电机氢密封系统提供密封用油等。2011年12月，某电厂涡轮机油颜色为深黄色；2012年2月13日发现颜色带绿，随后颜色逐渐加深；2012年3月2日已经变成墨绿色。

2. 案例分析

为了查明油品变色原因及确定油质发生变化，将涡轮机油进行了取样试验分析，常规理化性质分析见表2-79。

表2-79　常规理化性质分析

项目	数值
酸值（mgKOH/g）	0.114
水的质量分数（mg/g）	13.27
破乳化时间（min）	12
泡沫体积分数（mL）（24℃，93.5℃，后24℃）	10/0，40/0，10/0
开口闪点（℃）	215
运动黏度（mm^2/s）	31.32
空放时间（min）	3分20秒
旋转氧弹时间（min）	671
T501的质量分数（%）	0.07
铜的质量分数（mg/kg）	0/10

根据油样全分析结果，涡轮机油各项指标符合GB/T 7596—2017《电厂运行中矿物

涡轮机油质量》的要求，说明发色物质对涡轮机油使用性能无影响。依据经验，发现油样旋转氧弹数值较高，但T501的质量分数较低，已低于国家标准规定的0.15%，因此推测油品中添加了其他抗氧化剂。为了进一步确定变色原因，将主机油、储备油和新批次油进行了T501质量分数、铜质量分数和抗氧化安定性测试，T501和铜质量分数和抗氧化安定性试验结果见表2-80。

表2-80　T501和铜质量分数和抗氧化安定性试验结果

项目	储备油	新批次油	主机油
T501的质量分数（%）	0.10	0.60	0.07
旋转氧弹时间（min）	744	429	671
铜元素的质量分数（mg/kg）	0.10	0.10	0.10

从表2-80可以看出，油样铜元素的质量分数都为0.10mg/kg，只有主机油变色，说明铜元素不是油品变色的原因。主机油T501的质量分数和旋转氧弹数值与储备油相比变化不大，说明抗氧化剂没有出现严重消耗的情况。新批次油T501的质量分数为0.60%，远高于储备油和主机油，但旋转氧弹数值相对较低（为429min）。由于胺类抗氧化剂在高温环境下具有出色的抗氧化性能，因此在润滑油领域得到了广泛应用。不同种类的抗氧化剂之间可能会产生良好的协同效应。有理由推测，机组油和储备油中可能添加了酚型和胺型复配的抗氧化剂。然而，有厂家发现复配抗氧化剂可能导致油品变色，因此在新批次油中只使用了T501抗氧化剂。由于油品变色是抗氧化剂不断消耗的信号，对主机油抗氧化安定性进行了长时间监测，以确定是否存在不良影响，运行过程中抗氧化安定性变化情况见表2-81。可以看出，在2年多的时间里，旋转氧弹时间数值降低不大，说明主机油氧化安定性稳定，可以长期运行。

表2-81　运行过程中抗氧化安定性变化情况

日期	旋转氧弹时间（min）	日期	旋转氧弹时间（min）
2012年3月2日	671	2012年12月4日	642
2012年3月20日	718	2013年5月27日	656
2012年7月23日	708	2014年1月17日	632
2012年10月11日	689	2014年12月20日	618

发现主机油变色后，相关人员立即进行了取样，采用甲醇对油中的发色物质进行了萃取，变色油样及萃取情况如图2-49所示。

从图2-49中可以看出，油品已变成墨绿色。用甲醇进行萃取，分层情况良好，发色物质完全进入甲醇，油恢复本来的黄色，说明发色物质为弱极性物质。为了确定发色物质大概的组分，对甲醇萃取液进行了气质联用分析，甲醇萃取液气相色谱图如图2-50所示。

(a) 1号机组的涡轮机油

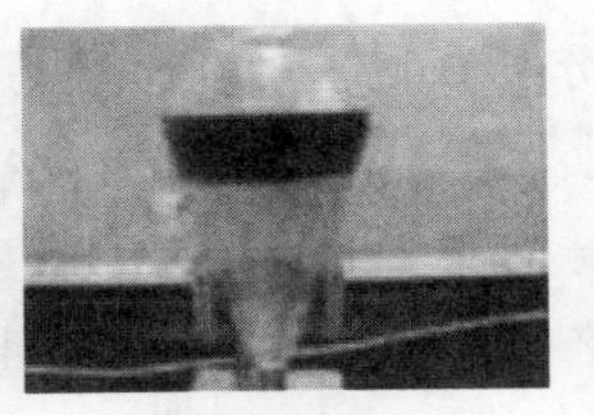

(b) 甲醇萃取

图 2-49 变色油样及萃取情况

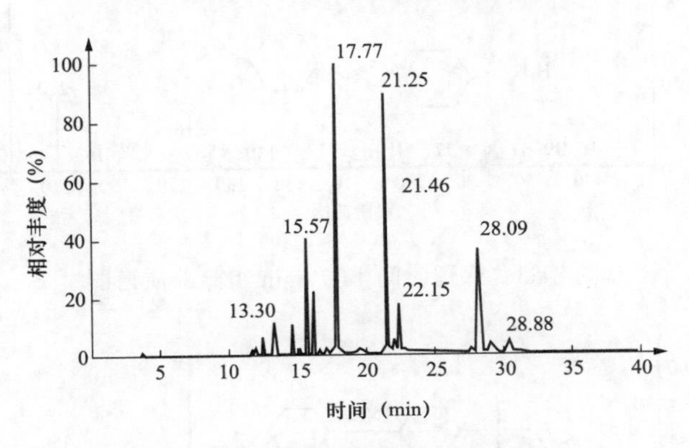

图 2-50 甲醇萃取液气相色谱图

从图 2-50 的气相色谱可以看出，各组分分离情况良好，所检测溶液中主要的组分应该为溶剂甲醇，抗氧化剂及其分解产物和其他可溶于甲醇的弱极性物质。对保留时间 11.63～28.09min 的主要组分进行了质谱分析。保留时间 15.63min 的组分质谱图、保留时间 15.57min 的组分质谱图分别如图 2-51 和图 2-52 所示。

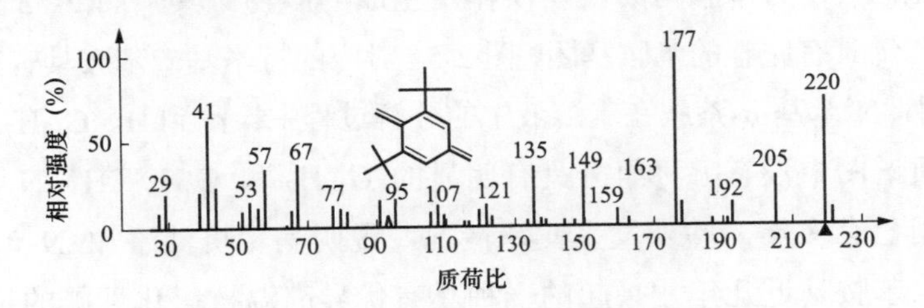

图 2-51 保留时间 15.63min 的组分质谱图

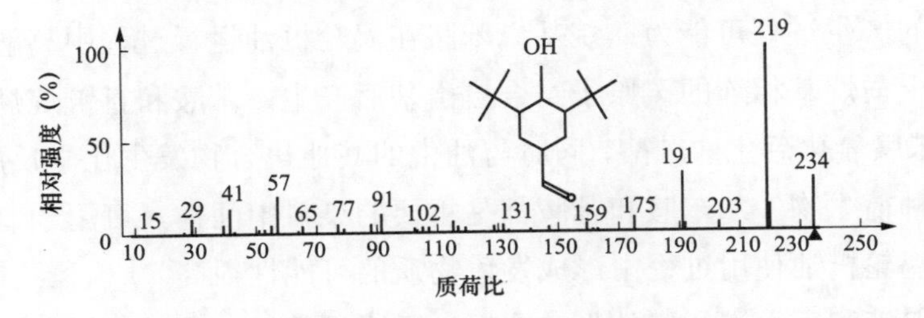

图 2-52 保留时间 15.57min 的组分质谱图

如图 2-51 所示化合物最大可能为 2，6-二叔丁基对甲酚和其衍生物 2，6-二叔丁基对苯醌，两种物质的分子量都为 220，与分子离子峰质荷比等于 220 相符，并且具有明显的失去碎片离子 CH_3 所形成的 M-15、M-14、M-13 系列特征峰，质荷比等于 77 对应为苯的特征峰。2，6-二叔丁基对甲酚能溶于甲醇、乙醇、甲苯等溶剂，通过离解出酚基上的活性氢原子与油品老化所产生的自由基作用而终止链式反应，抗氧化剂本身形成苯醌类物质。油中也存在 2，6-二叔丁基 4-甲醛基苯酚等多种衍生物，质谱图如图 2-52 所示。

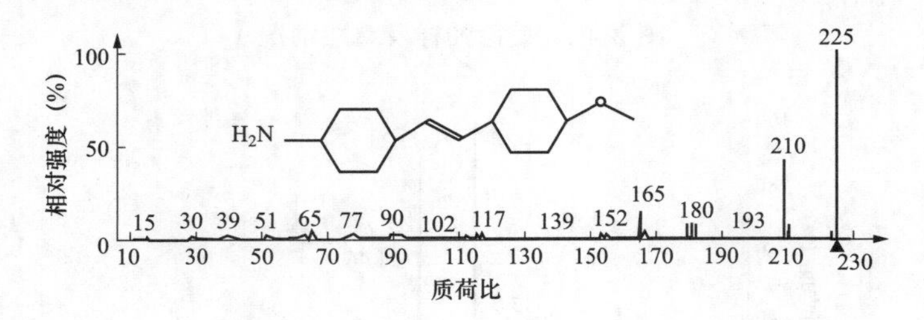

图 2-53　保留时间 17.77min 组分的质谱图

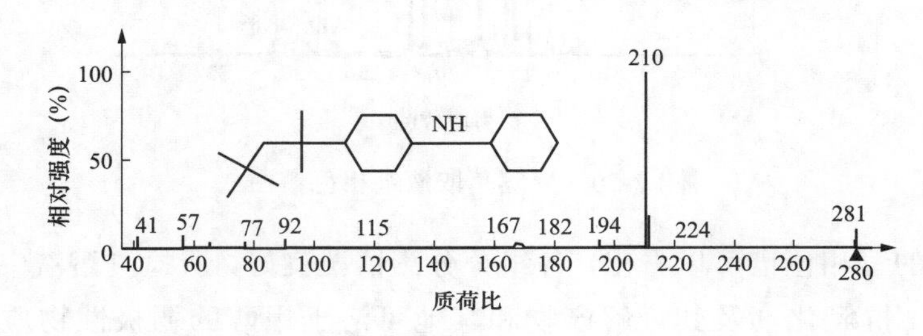

图 2-54　保留时间 21.24min 组分质谱图

图 2-53 和图 2-54 为苯胺与酚类物质作用生成的产物。其中图 2-53 对应的 4%氨基 4%甲氧基二苯乙烯具有完整的苯胺基团，图 2-54 对应的特辛基二苯胺具有完整的二苯胺基团。有研究表明，N-苯基-α-萘胺在苯溶液中的分解过程中检测到 H、$C_{10}H_7$ 和 C_6H_5（H）N 三种自由基，质谱图中没有哪种组分具有明显的 $C_{10}H_7$ 和 C_6H_5（H）N 峰，并且 T531 在润滑油中应用已有多年，并未发生变绿情况，说明涡轮机油添加 N-苯基-α-萘胺的可能性低。烷基二苯胺是近几年才兴起的一种具有优异高温抗氧化性能的抗氧化剂，推测涡轮机油中采用此种抗氧化剂的可能性很大。质谱图中包含多种二苯胺、苯胺和苯醌衍生物，其基本的产生过程可能为：烷基二苯胺在涡轮机油运行过程中离解氨基上的活性氢原子，苯环上与烷基相连的碳原子结合自由基后产生二苯胺和直链烷烃，二苯胺部分分解成苯胺，苯胺氧化后生成苯醌，同时与油中的其他化合物发生化学反应形成二苯胺、苯胺、苯醌多种衍生物。二苯胺和苯胺都是重要的染料中间体，可用于制造多种染料、颜料，因此在涡轮机油使用过程中形成发色物质的可能性很高。

将甲醇萃取液和甲醇进行红外光谱分析，无明显差异，难以分析发色物质组成。由于发色物质通常具有共轭体系，紫外光谱可用于含有不饱和键的化合物，尤其对含有共轭体系的化合物的分析和研究。样品紫外光谱分析如图 2-55 所示。

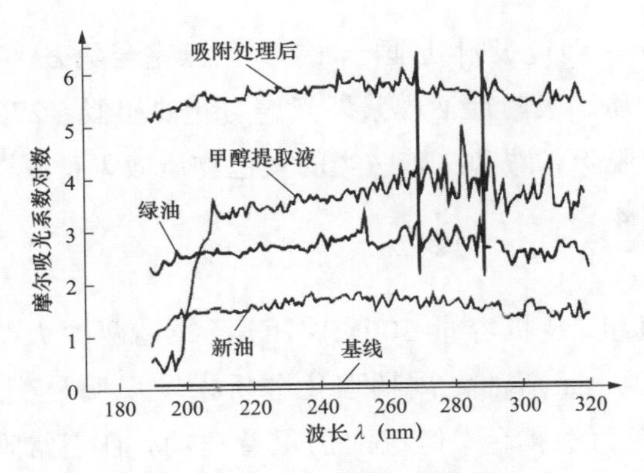

图 2-55 样品紫外光谱分析

根据图 2-55 可以观察到绿油中的发色物质在受到油中物质的干扰后，其紫外光谱的变化并不显著。然而，在波长 270～290nm 的范围内，存在一定的变化。经过对甲醇萃取液的分析，发现该波长范围内的变化较为显著。

综上所述，可以认为发色物质在波长 270～290nm 产生了吸收。因为不同溶剂中，紫外吸收峰会出现偏移，甲醇提取液与绿油紫外光谱存在较大差异。乙醇溶液中苯胺在 283nm 处通常具有强吸收，二苯胺最大吸收波长 285.5nm，与紫外光谱图吸收峰基本相符，可以说明油中存在较高含量的苯胺和二苯胺衍生物。

3. 案例处理

为了找到涡轮机油脱色的方法，采用 XDHX-1 型高效吸附剂在实验室对绿油进行处理试验。将 100g 油放入烧杯中，加入质量分数为 5%的吸附剂，在 60℃连续搅拌 5h，吸附处理效果如图 2-56 所示。

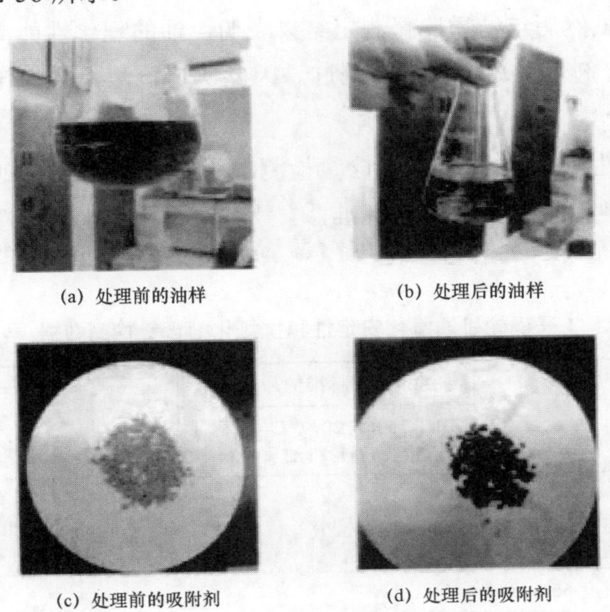

(a) 处理前的油样　(b) 处理后的油样

(c) 处理前的吸附剂　(d) 处理后的吸附剂

图 2-56 吸附处理效果

从图2-56可以看出，经过吸附处理，油中颜色已完全除去，吸附剂颜色发生变化，表面明显吸附了发色物质。吸附后油样紫外光谱与新油相似，270～290nm的强吸收峰都已消失，说明吸附剂脱除苯胺和二苯胺类的发色物质效果良好。

四、其他异常案例4

1. 情况简介

某电厂1号涡轮机组，装机容量300MW，已经经过两次大修且未更换涡轮机油。某年11月大修时加入了1t新油，周期理化分析未发现明显变化。尽管近年来该机组机油颜色由浅黄色变为深褐色，但机油仍保持透明，且正常理化分析未发现异常。

2. 案例分析

由于油的组成成分不同，外界氧化条件不同，故生成的氧化产物也不同。其中有酸性氧化产物，如羧酸、酚等，同时还会生成低分子酸，这些产物会使酸值增大，故氧化后油酸值的大小可作为油氧化程度的指标之一。但同时氧化还形成大部分中性氧化产物，如醇类、酮类、酯类、胶质及沥青质等，这些产物和它们之间的缩合物能生成深色沉淀。经过检测，结果显示1号涡轮机油（未添加防锈剂）的酸值存在小幅升高的趋势。然而，其酸值仍保持在标准的范围内，符合相关指标。

该电厂1号涡轮机油油温为40℃，所取油样外观透明、无杂质，且水分、颗粒度等周期理化分析无异常，因此可以排除温度、水分、杂质等的影响。涡轮机油长期处于强制循环状态，并且运行过程中逐渐受热、氧气、水汽、杂质等影响会逐渐老化，产生少量降解产物，有的溶解于油中而引起油颜色变深，有的不溶解于油中，产生少量黏性沉淀物。

由此总结出，虽然历年油质监督测定结果表明，油的理化性能尚可，但油的抗氧化性能和T501抗氧化剂含量却一直没有测过。因此决定检测1号涡轮机油的氧化安定性和T501抗氧化剂含量。

本次氧化安定性和T501抗氧化剂含量检测按照GB/T 14541—2017《电厂用矿物涡轮机油维护管理导则》作为监督测试标准，1号涡轮机油氧化安定性和抗氧化剂含量检测数据见表2-82。

表2-82　　1号涡轮机油氧化安定性和抗氧化剂含量检测数据

项目	参考或采用标准的质量指标	试验方法	设备名称
	GB/T 7596—2017《电厂运行中矿物涡轮机油质量》		1号涡轮机
抗氧化剂含量（质量百分数，%）	≥0.15	GB/T 7602（所有部分）《变压器油、汽轮机油中T501抗氧化剂含量测定法》	0.1
环境温度24℃，相对湿度65%			
结论：依据GB/T 7596—2017《电厂运行中矿物涡轮机油质量》，油中抗氧化剂含量不符合规定			

300MW 以上的涡轮机组必须使用符合 GB 11120—2011《涡轮机油》的涡轮机油，而 GB/T 7596—2017《电厂运行中矿物涡轮机油质量》对氧化安定性没有明确的监控指标。随着设备制造技术的进一步提高，单机发电能力的进一步增强，操作温度及油荷比（每升润滑油承受的发电量）的进一步提高，要求油品具有优异的氧化安定性，因此，延长油品的换油期成为主要的发展目标。

现以黏度级别为 32 的涡轮机油为例，对这些标准进行比较，对各个标准的比较可见，各标准对涡轮机油的主要性能（如氧化安定性等）都有明确的规定，且要求基本相同，只是有些性能采用的评定试验方法不同。如氧化安定性，英国采用的是测定氧化产物的方法，而其他各国均采用 ASTM D943《防腐蚀矿物油氧化特性的试验方法》氧化试验的方法，以酸值达到 2.0mgKOH/g 的时间为准，一般要求氧化寿命达到 2000h。

依据 GB/T 7596—2017《电厂运行中矿物涡轮机油质量》由表 2-82 得出油中抗氧化剂含量不符合规定。考虑如果更换系统的全部油品，需要大量费用，即使必须更换，也需事先计划安排，可能等待较长时间。根据电力用油相关标准，可以在不影响机组安全运行的条件下，先对 1 号涡轮机油进行添加润滑油的抗氧化剂试验，确定能否提高油质的抗氧化性能，延长涡轮机油的使用时间。

3. 案例处理

首先进行当前 1 号机组涡轮机油油质的全分析，尤其是氧化安定性试验和抗氧化剂含量的测定，根据试验结果补充添加剂。先在实验室进行小型试验，并观察效果，同时注意各种因素对效果的影响。小型试验通过后，在现场对油系统中的油泥杂质进行彻底过滤清洗，将添加剂配成母液，通过平板式滤油机加到油系统中，从而达到延长 1 号机涡轮机油使用时间的目的。油中 T501 抗氧化剂的添加注意以下两点：

（1）感受性试验：通过油的氧化（老化）试验，其结果若有一项指标较不加 T501 抗氧化剂的原油提高 20%～30%，而其余指标均无不良影响时，则认为此油对该抗氧化剂有感受性。实践证明，国产油对 T501 抗氧化剂的感受性较好，而且成品油均添加了 T501 抗氧化剂。使用单位若需补加抗氧化剂油时，一般只需测定 T501 的含量和油质老化情况决定是否添加，而不必再做感受性试验。但是，对不明牌号的新油、进口油，以及各种再生油和老化、污染情况不明的涡轮机油，则应做感受性试验以确定是否适宜添加和添加时的有效剂量。

（2）抗氧化剂有效剂量的确定。对许多新油来说，T501 抗氧化剂在油中的添加量与油的氧化安定性有密切关系。研究发现，加有 T501 抗氧化剂的油在人工老化过程中油质的变化与 T501 的含量降低有一定规律性：①T501 含量降低到小于原始加入量的 30%时，油质的变化不大明显（指酸值、介损）；②T501 含量降低到原始加入量的 30%～50%时，油质开始有变化；③T501 含量降低到大于原始加入量的 50%时，则油质变化迅速，酸值和介损急剧升高。

根据大量试验数据的显示，T501 抗氧化剂在油品中的添加量在 0.3%～0.6%的范围是有效的。在这个范围之外，高于 0.6%～1.0%的添加量对某些油品的抗氧化效果提高并不明显。而当添加量低于 0.3%时，很多油品的抗氧化寿命将无法达到预期的要求。因此，我国规定在新油或再生油中，T501 抗氧化剂的含量必须保持在 0.3%～0.5%的范围。

由上述可知：对运行中油 T501 抗氧化剂的含量应不低于 0.15%，同时在这一含量下进行 T501 的补加，效果较好。当然在进行补加时还应控制涡轮机油的 pH 值不小于 5.0。

添加完 T501 抗氧化剂后继续跟踪分析监督，按 72h、一个月、三个月的周期取样化验酸值、水分、黏度，都在合格范围内。T501 含量、氧化安定性在三个月、半年进行分析，数值合格稳定。

五、其他异常案例 5

1. 情况简介

一台 1000MW 超超临界机组使用型号为 N1050-27/600/610 的涡轮机，设计额定主蒸汽压力 27MPa、主蒸汽/再热蒸汽温度 600/610℃的一次中间再热、反动式、单轴、四缸四排汽、单背压、凝汽式涡轮机，润滑油主油箱容积是 $32m^2$，出口压力是 0.55MPa。该机组于 2011 年投运，3 年后涡轮机油颗粒度逐渐大于 12 级。2016 年停机检修时发现涡轮机主油箱底部附着有大量的深棕色油泥，浮动油挡和油管也有少量油泥，还发现油箱底部约 3cm 的位置存在游离水。

2. 案例分析

油泥的生成机理为自由基的链反应，见图 2-57。

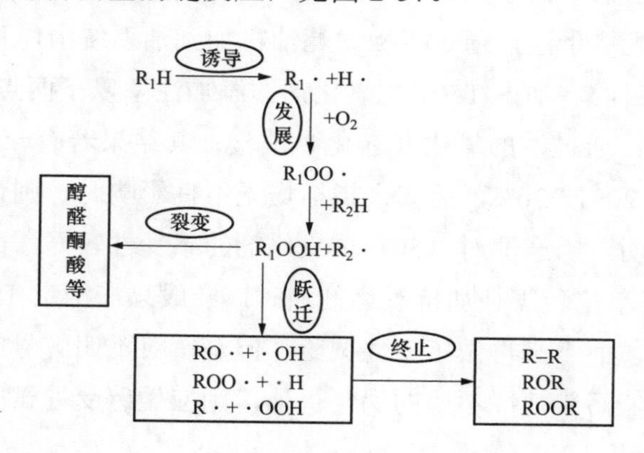

图 2-57　油泥产生的氧化机理

首先是能量以热、静电或机械剪切应力等形式转移到烃分子，在金属离子等催化剂的作用下，叔氢、碳-碳双键、芳环 α 位上的氢易发生均裂，形成自由基；其次，烷基自由基与氧形成烷基过氧自由基，该反应速度快且为不可逆反应。烷基过氧自由基从烃分子上夺取氢，同时生成另一个烷基自由基；再次，链的支化开始与过氧化氢物裂解成烷氧基羟基自由基。当温度大于 150℃时该反应进行较快。自由基与烃反应生成更多的烃自由基和醇，仲烷氧自由基和叔烷氧基自由基生成醛和酮，而醛和酮通过酸催化的醇醛缩合反应进行缩合，缩合物能导致聚合降解产物的形成，最终表现为油泥和漆膜沉积物。但该机组涡轮机油系统冷却温度正常，轴温控制正常，不存在高温过热的情况。

为全面评估油品的质量情况，对新油和涡轮机油油质进行了全分析检测，结果如表2-83所示。

表 2-83　新油和涡轮机油油质分析结果

测定项目		新油	涡轮机油
外观		淡黄	深黄
机械杂质		无	无
运动黏度（400，mm^2/s）		32.54	33.16
闪点（开口）（℃）		222	218
破乳化度（54℃，min）		6.8	14.2
水分（mg/L）		27.3	61.6
酸值（mgKOH/g）		0.01	0.08
液相锈蚀（合成海水法）		无锈	轻锈
泡沫特性（mL/mL）	24℃	30/0	210/10
	93.5℃	10/0	60/0
	后 24℃	20/0	340/10
空气释放值（50℃，min）		2.4	8.1

结果表明：

（1）新油各项指标均符合标准要求。

（2）涡轮机油的泡沫特性和空气释放值虽然符合质量标准，但试验结果偏高。在高压环境下，这可能导致涡轮机油中的气泡通过绝热压缩产生高温，且热量无法离开气泡，进而形成碳质化的固体颗粒。同时，在涡轮机冷油器内，由于温度下降，油泥在油中的溶解度降低，部分油泥会析出。

（3）涡轮机油酸值符合质量标准，表明油品并未发生严重劣化。

（4）涡轮机油在水分升高的条件下，进行了液相锈蚀试验，结果显示存在轻度锈蚀。这表明，当涡轮机油与水分混合时，会对金属部件产生锈蚀作用。这种锈蚀产物会与油品中生成的过氧化物、醇、醛、酮、酸发生聚合反应，最终导致油泥的形成。

油泥垢样如图 2-58 所示，其黏性较强，不易清洗，室温下不溶于油，加热到 80℃可少量溶解，也不溶于酒精、石油醚等常见溶剂；但在丙酮中可以分散，失去黏性。

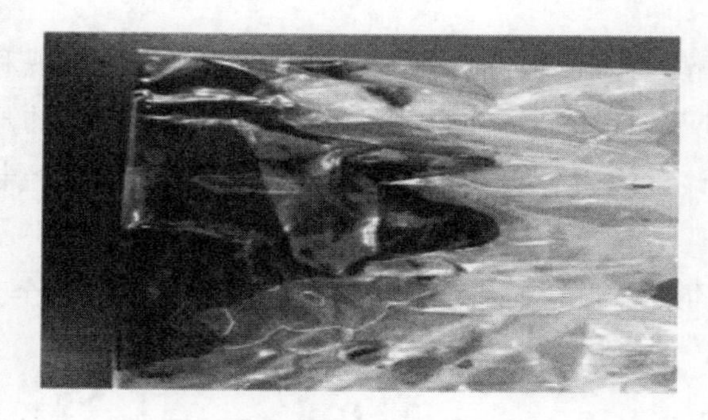

图 2-58　油泥垢样

采集 20g 油泥样移入瓷蒸发皿中，放入恒温烘箱中于 105℃下干燥 4h，垢样稍冷却后，于 105℃干燥至恒重，称重，记录前后重量差，即水分的含量。再将垢样放入马弗炉于 650℃下灼烧，通过前后重量差，求得灼烧减量，即有机物的含量，油泥垢样分析结果见表 2-84。

表 2-84　　　　　　　　**油泥垢样分析结果**

项目	外观	水分（%）	油（%）
结果	深棕色	12.4	80.5

由表 2-84 可见，80%以上是有机物，即油的成分，表明涡轮机油在运行过程中氧化降解导致成团集结。值得注意的是，油泥垢样中含有较高的水分，说明油系统存在水分的泄漏，验证了检修时发现油箱底部约 3cm 的位置存在游离水的情况；而通过油品检测水分含量却是符合标准要求的，没能发现故障，油泥垢样反馈出的故障信息更加准确。

将油泥涂片处理，通过红外光谱仪进行分析，油泥红外光谱谱图见图 2-59。

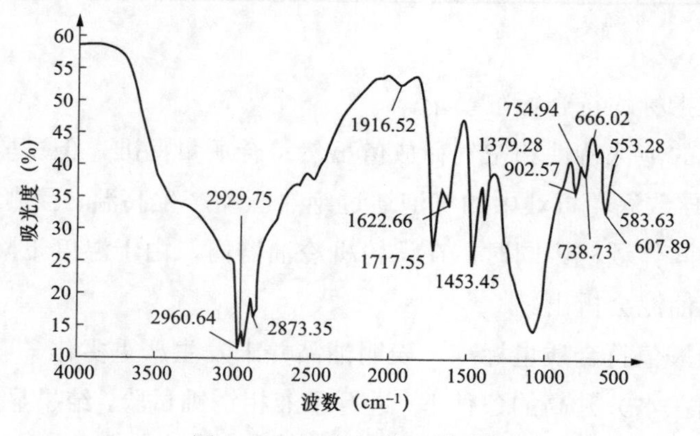

图 2-59　油泥红外光谱谱图

（1）波数在 2921cm^{-1} 和 2860cm^{-1} 之间有较强的吸收峰，这个区域的峰是由于 CH_2 的对称或不对称的拉伸振动产生的。而 CH_3 的对称或非对称的拉伸振动表现为酸类的 C—H 伸缩振动出现特征吸收峰。

（2）波数在 1720cm^{-1} 处有较强的吸收峰，这是醛类 C=O 伸缩振动引起的吸收带，是醛类基团作用的结果，表明有醛类物质产生。

（3）波数在 1000～500cm^{-1} 的范围内有三个较强的吸收峰，是氢过氧化物作用的结果，说明油泥中含有较多过氧化物产物，表明该油泥主要成分是油品氧化降解产生的。

称取油泥样品 50mg，置于消解罐中，依次加入 6mL HNO_3、2mL HF 和 2mL $HClO_4$，密封消解罐放置于微波消解炉中进行微波消解，将得到的消解液过滤并用去离子水定容至 100mL，通过等离子体发射光谱（ICP）测试元素含量。ICP 法测试油泥元素结果见表 2-85。

表 2-85　　ICP 法测试油泥元素结果

元素	测定值（mg/kg）
Fe	34100
Cu	1890
Al	560
Cr	43
K	1400
Mg	1300
Cd	28
Si	2500
Sn	180
Pb	200
Ni	130
Na	5800
Ba	37
Ca	16000
Zn	6800
P	16300

元素分析结果显示，油泥中含有很高含量的铁以及铜、硅、钙、镁、锌、磷等元素，少量的镍、锡、铅元素。其中：

（1）铁和铜元素含量很高，主要是由于涡轮机油系统的磨损和腐蚀导致的，该涡轮机油的液相锈蚀是轻度锈蚀，只要系统中存在一定量的水，油品便会与油系统中的金属部件产生腐蚀，造成油泥铁和铜元素含量很高。

（2）硅是来自于涡轮机油中抗泡剂的消耗沉积，这是造成油品泡沫特性较高的重要原因。

（3）钙和镁及钠元素含量高，一方面是油中清净剂的消耗沉积，另一方面是来自外部的污染物造成的。

（4）磷和锌元素高是涡轮机油中抗磨添加剂的降解沉积导致的。

（5）镍、锡、铅元素是涡轮机轴承合金材料的元素，说明轴承存在腐蚀磨损。

3. 案例处理

涡轮机油系统漏水主要有两个途径：

（1）水汽通过轴封空隙而析出凝结成水，由于凝结水中不含钙、镁离子，同样在腐蚀产物中也应该没有较多的钙、镁离子，但是在油泥中检测出大量钙、镁，因此排除凝结水的泄漏。

（2）冷油器中冷却水的泄漏。冷却水采用循环水，该循环水中含有钙、镁、钾、钠等离子。经过检测，发现在油泥中同样含有大量的钙、镁、钾、钠离子。因此，推断是冷油器发生了冷却水泄漏。由于涡轮机油具有优良的抗乳化性能，水分会随着润滑油的循环回流到油箱中，最终沉积在油箱底部。这些沉积在油箱底部的水分会随着循环运行的涡轮机油，经过碳钢管路达到轴及轴瓦，对材质表面造成腐蚀。这也解释了为什么在油泥中检测到了镍、锡和铅等轴承合金材料元素，这些腐蚀产物会随着水分一同进入循环系统，进一步加剧对金属表面的摩擦腐蚀，从而加速腐蚀过程。停机检修时发现连接冷油管的三通阀发生滴漏，冷油器油、水之间隔离的密封圈出现移位，造成间隙过大，导致冷却水泄漏。检修调整后，设备运行正常。

六、其他异常案例 6

1. 情况简介

新疆某电厂水电站安装 3 台 110MW 的水轮发电机组，总装机 330MW。2020 年在对某电厂的 1 号机组各部涡轮机油进行检修前取样化验，发现其调速器油槽内油样呈墨绿色，而其正常的颜色应该为淡黄色；推力油槽油样呈浅墨绿色；上导油槽油样呈浅墨绿色；下导油槽油样、水导油槽油样颜色为正常的淡黄色。1 号机组涡轮机油变绿是一个不正常的现象，会对发电机组的正常运行造成不利的影响，因此需要对油变绿的原因进行分析，并且采取针对性的解决措施来进行解决，保证 1 号机组的正常运行。

2. 案例分析

为了探究 1 号机组涡轮机油变绿的原因，对 1 号发电机调速器油槽油样、推力油槽油样、上导油槽油样进行常规理化检测项目的化验，化验结果分别如表 2-86～表 2-88 所示。从理化测定结果来看，油样除了颜色为墨绿色不符合标准外，其他检测项目包括运动黏度、破乳化度、液相锈蚀、酸值且均合格。

表 2-86　　1 号发电机调速器油槽油样化验结果

项目	试验结果	质量标准
外状	透明、墨绿色	透明、淡黄色
运动黏度（40℃，mm^2/s）	46.3	不超过新油测定值的±5%
开口闪点（℃）	—	≥180，且不低于前次测定值 10
酸值（mgKOH/g）	0.038	≤0.3
水分（mg/L）	—	≤100
液相锈蚀	无锈	无锈
破乳化度（54℃，min）	17	≤30

表 2-87　　推力油槽油样化验结果

项目	试验结果	质量标准
外状	透明、墨绿色	透明、淡黄色
运动黏度（40℃，mm^2/s）	47.2	不超过新油测定值的±5%
开口闪点（℃）	—	≥180，且不低于前次测定值 10
酸值（mgKOH/g）	0.036	≤0.3
水分（mg/L）	—	≤100
液相锈蚀	无锈	无锈
破乳化度（54℃，min）	17	≤30

表 2-88　　上导油槽油样化验结果

项目	试验结果	质量标准
外状	透明、墨绿色	透明、淡黄色
运动黏度（40℃，mm^2/s）	47.5	不超过新油测定值的±5%
开口闪点（℃）	—	≥180，且不低于前次测定值 10
酸值（mgKOH/g）	0.032	≥0.3
水分（mg/L）	—	≥100

为了进一步探究该电厂 1 号机组涡轮机油变绿的原因，对其调速器压油装置油温记录进行了查阅。

2018 年 2 月 14 日 10:29 至 2 月 14 日 14:28，压油装置 1 号油泵连续运行 4h，油温从 19.6℃开始快速上升。14:52，油温达到 60.4℃；15:16 温度最高，为 62.3℃；15:34，油温降到 60℃。2 月 15 日 19:31，油温降至 20.9℃。调速器油温在 60℃以上运行了 42min。

GB/T 14541—2017《电厂用矿物涡轮机油维护管理导则》规定，油箱油温应维持在

60℃以下运行，在高温条件下，油会快速氧化变质。该标准中提出，在高温条件下，燃气轮机中油品会出现氧化热裂解，生成各种树脂状物质以及难溶性沉淀，因此需要采取有效的措施，控制油温，防止氧化；而从1号调速器压油装置油温记录来看，油温出现过超过60℃的情况，并且持续运行过。温度在60℃以上时，温度每增加10℃，氧化速率就会加倍，在高温状态下，油品易氧化变质，产生的主要污染物为酸性物质，其他氧化物溶于油中或以胶质、油泥形式析出，严重危害运行中的设备。因此认为1号机组涡轮机油变绿可能是由于油温过高导致油品快速氧化。

3. 案例处理

为了脱除掉涡轮机油的颜色，相关人员采用XDHX-1型高效吸附剂在实验室对绿油进行处理试验，试验结果表明，通过高效吸附剂可以完全除去油中颜色，吸附剂表面有明显吸附发色物质的痕迹，通过紫外分光光度计检测，发现吸附后的机油紫外光谱和新油一致，在207～290nm处没有出现强吸收峰，这说明了这种吸附剂能够很好地脱除苯胺和二苯胺类的发色物质。

七、其他异常案例7

1. 情况简介

涡轮机油系统承担着向涡轮机各轴承提供润滑及冷却用油及向保安系统提供压力油，其油质的好坏直接影响到涡轮机的安全运行。某电厂11号机组润滑油系统及保安系统均采用32号涡轮机油，调节系统采用高压抗燃油系统。2010年后，涡轮机油油质逐渐下降，在油箱底部放水检查时相关人员发现底部沉积有较多油泥，2010年大修期间清洗主油箱时发现油箱下部接近100mm油位高度的糊状沉积物，且油的颜色偏红，取样分析为油中水分含量超标。在大修中将油质处理后化验合格，并补充部分新油。在随后机组运行中逐步再次发现油中含水逐渐增加，在2012年10月机组停运1个月左右后，启动调速油泵后发现油压波动较大，在1.0～1.5MPa波动，且达不到正常值2.0MPa，经检查发现油箱内泡沫较多，在滤网前由于泡沫增多，已有部分油泡沫从油箱上部盖板渗出，而滤网后油箱油位却在最低位。再次取油样送外化验，发现油中水分及酸值超标严重，油乳化严重，起泡性及空气释放特性不合格，导致泡沫增多，使油压达不到规定值。

2. 案例分析

涡轮机油中如果有水分存在，会加速油质的老化及产生乳化，同时会与油中本身的部分添加剂（如防锈剂或抗氧化剂）产生作用，促使其分解，导致设备锈蚀。11号机油质劣化最主要的原因就是因为油中长期水分超标，主要有以下几个方面原因：

（1）汽封漏汽。11号机高压缸前汽封长期存在漏汽现象，主要是汽封间隙增大及轴封供汽压力调整不及时，导致汽封高温蒸汽漏入前轴承箱。

（2）外部环境空气进入油系统。11号机由于曾经7、8号轴承运行中油挡有漏油现象，因此在运行中为了防止漏油，油箱负压保持较大，有时达50mm，超过常规值20mm

较多，由于负压过高，使外部空气及灰尘通过油挡进入油系统。

（3）冷油器漏。在正常运行过程中，冷油器处于备用或运行状态时，即使冷油器铜管出现泄漏，由于油压高于冷却水压力，冷却水不会进入机油系统。然而，当停机并关闭机油系统时，如果冷油器仍处于运行状态，且冷油器铜管发生泄漏，则有可能存在冷却水进入机油系统的风险。

（4）补油、混油不恰当。根据电力用油相关规定，建议在补油、混油时采用同品牌、同规格用油，而 11 号机组自投运以来的补油均仅对新油相关指标进行化验，忽略了品牌不同的油混油后的影响。

（5）新、旧油中添加剂的影响。通常情况下，新旧油应添加同一种添加剂，或一方不含添加剂，或者双方都不含添加剂。当油中添加剂种类不同时，混合后有可能发生化学变化而产生杂质，故在此种情况下除混油试验外，还应进行老化试验。在公司所购新油的检验中，往往对添加剂种类及含量的检测没有引起足够重视，存在某批次所补新油与旧油中添加剂不符合的可能，也未进行相关老化试验，故可能因此导致油泥产生。

（6）新、旧油混油试验的影响。根据相关标准要求，如果被混的涡轮机油有一项或多项指标接近涡轮机油质量标准允许的极限值，尤其是酸值、水溶性酸（pH）值等反映油晶老化的指标已接近上限时，则混油必须慎重对待，且当补充油份额大于 5%时，应严格按照补油比例进行混油试验，否则可能导致混油后迅速析出油泥。11 号机组在 2010 年大修时即发现油中水分超标严重，排放掉主油箱底部沉积的较多沉积物及水分后，对旧油进行过滤处理并基本合格，混油试验合格后补充了约 1/3 新油，但由于补油量无法准确计算，故在混油试验时新、旧油比例可能与实际补油不同，可能导致油质劣化加剧。在机组随后的运行中，由于消缺及正常损耗，也需要不断向系统补充新油，且由于每次补油量较小，均未做混油试验，累积后补油量已远超 5%比例，故也存在混油后油质劣化的可能。

3. 案例处理

鉴于目前系统内油质已严重劣化，水分及酸值严重超标，且泡沫释放特性也不合格，靠常规处理手段已无法将油质处理好，故决定将旧油全部更换。为保证更换新油后能够长期油质合格，故对以下几方面进行了处理及防范：

（1）减少进入轴承箱的前汽封漏汽量。11 号机组在 2010 年大修中，为了解决前汽封漏汽严重问题，将前汽封全部更换为新型密封性能更好的蜂窝式汽封，从大修后一段时间运行的运行情况观察，效果还是比较明显，但随着运行时间增长，汽封由于磨损间隙增大后漏汽量有所增加。在目前无法处理汽封间隙的情况下，下一步的重点是加强轴封供汽压力及轴封回汽门开度的调整，使汽封内各段压力维持平衡，既要保证涡轮机真空，又要尽量避免漏汽。根据前汽封各段汽室所处位置及汽源流向不同，调整轴封供汽及汽封回汽至低压加热器调节门。前汽封系统示意图见图 2-60。

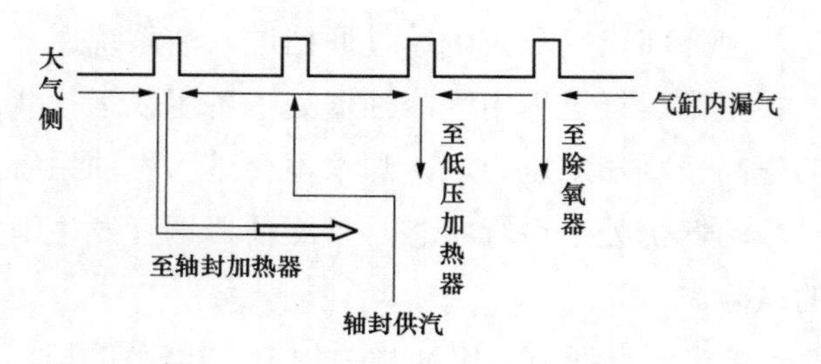

图 2-60　前汽封各汽室分布图

从图 2-60 中可以看出，由于轴封加热器及低压加热器均处于一定负压状态，故调整时应保证轴封供汽压力略大于轴封加热器压力，压力过高会导致汽封漏汽，压力过低的则影响机组真空，根据运行参数，一般维持轴封供汽压力在 1 个绝对大气压时较合适。

（2）加强滤油及油箱排水。水分进入油系统后，在油箱内油水会逐渐分离，水由于比重大会沉积在油箱底部，这时就应该及时将水分排掉，避免长期在油中导致油乳化。对于未完全分离出的水分或未排掉的水分，则通过滤油方式进行处理。11 号机组在 2011 年由于油中水分含量经常超标，原有的真空式滤油机已难以处理掉较大份额的水分，故重新购买安装了一台离心式滤油机。该型滤油机是利用高速旋转的碟片（转速达 9510r/min）形成的离心力将油中比重较大的杂质及水分分离，能去除油中杂质及绝大部分水分。经离心式滤油机处理后再经真空滤油机处理，可完全去除油中水分。在目前已经全部更换润滑油的情况下，值班人员应严格按照规定每班定期放水及滤油，确保油质不再被破坏。

（3）加强油务管理，定期取样化验。在机组今后的运行中，应严格按照涡轮机油维护管理导则要求，定期油样化验，对化验指标需遵照规程要求执行，加强新油及补油前的相关检验，特别是混油老化试验，必须合格后方可补入系统。

八、其他异常案例 8

1. 情况简介

某火电厂配置有两台 125MW 火力发电机组。其中，2 号机组油系统的存储量约为 23t。自机组试运行以来，涡轮机油并未进行过彻底的更换，只是在日常运行过程中因正常消耗而添加少量油。在大修期间，发现该机组的油系统存在严重的油泥沉积现象。主油箱及冷油器沉积物现场如图 2-61、图 2-62 所示。

主机调速系统油动机检查情况不容乐观，调速弹簧生锈，油动机底部沉积物较多，油动机电磁阀油污沉积，并有犯卡现象。该电厂要求对所有调速部件进行检修清理，包括电磁阀、压力油管路等，以防油沉积物影响部件动作的灵活性。

2. 案例分析

该电厂采取冷油器沉积物和涡轮机油油样进行试验，试验表明，该油样已发生一定程度的劣化，另外抗氧化剂 T601 含量为 0.165%，已较低，若想继续使用，建议对其进行再生处理，并添加抗氧化剂T601和防锈剂。油泥主要成分可能为有机羧酸和铁锈，还含有少量灰尘。该油寿命虽然还有2年左右，但必须进行再生处理。

图2-61 主油箱沉积物现场

图2-62 冷油器沉积物现场

3. 案例处理

再生就是用化学与物理方法清除油品内的溶解和不溶解的杂质，以使其重新恢复或接近油品原有的性能指标。选择再生方法的原则应根据废油的劣化变质程度、含杂质的不同情况，以及对再生油质量的要求等，选用既能保证再生油质量又经济合理的工艺和设备。

在涡轮机油再生过程中，必须先进行小型试验，以确保试验正常后才能在现场进行工业应用。由于再生系统复杂、工期长、费用高，该电厂最终决定更换系统全部涡轮机油。

九、其他异常案例9

1. 情况简介

8号机组中涡轮机为N300-16.7/537/537-8型（合缸）。涡轮机润滑油系统采用主油泵加射油器供油方式。主油泵由涡轮机主轴直接驱动，其出口压力油驱动射油器投入工作。润滑油系统主要用于向涡轮发电机组各轴承及盘车装置提供润滑油：向调节系统、保安系统提供部分用油，向发电机氢密封系统提供密封用油油源，为主轴顶轴系统提供充足的油源，向涡轮发电机组转子联轴器提供冷却油，并具有回油排烟功能。机组通过168h满负荷运行后，正式投入生产运行。涡轮机油在一次例行的化验油质中发现主机32号涡轮机油发生变化：颜色出现异常，呈浅橙略带绿色，油中带水严重，油的其余各项理化指标均正常，随着机组的持续运行，油颜色越来越绿，直至现在墨绿色。

2. 案例分析

8号机组循环冷却水均直接是广州珠江水，经循环水泵加压作为凝汽器和整个机组的冷却水。每年年底，珠江水咸潮的情况会比全年平均值更为严重，其中 Cl^- 浓度最高时可达5000mg/L。某年12月在一次例行的化验油质中发现主机涡轮机油发生变化：黄色的油中带有一些浅绿色，油中带水严重，油的其余各项指标均正常。在经过调整主油箱排烟风机的入口手动门后，主油箱的负压从－4kPa 降到－0.2kPa 左右。给水泵涡轮机油箱油质与主机油质均为昆仑牌 KTP-32 涡轮机油，没有发现任何变化。

当时初步判断，珠江水咸潮可能是引发主机冷油器铜腐蚀的原因。铜离子能够溶于油中，导致油品颜色变绿。珠江水中的氯根可能已经与主机冷油器中的铜发生了反应，导致铜被氧化并生成了 Cu^{2+}。进一步地，这些 Cu^{2+}可能与珠江水中的 Cl^{-}反应，生成了 $CuCl_2$。如果这一情况属实，那么这可能解释了为什么在主机冷油器中出现了腐蚀现象。

由于氯化铜离子呈绿色，因此稀溶液呈现出蓝色，而浓溶液则为绿色，这与油品中观察到的绿色变化相符。

从颜色上看像是 Cu 被腐蚀成 Cu^{2+}，因为蓝色加黄色得绿色，使主机油变绿。但是反过来有几点疑问，第一：主机冷油器中冷却水压力只有 0.1MPa，而冷油器后油压一般有 0.25MPa，即油压大于水压，冷油器被腐蚀后应该是油到水侧，主机油箱油位降低。而不是水到油侧，Cl^{-}不会到油箱里去。第二：经过调整主油箱的负压后，油箱带水的问题解决了，没有过多的水，这点也证实了珠江水没有通过冷油器到油箱去。第三：油箱油没有少，油位没有降低。第四：珠江口咸潮一般在 11 月至第二年 3 月左右，随上游淡水量增大咸潮消失，油中的绿色还在进一步变深。第五：关于 8 号机电动给水泵工作油冷油器铜管腐蚀穿孔问题，经过检修发现珠江水通过工作油冷油器进入液力偶合器底部油中，多根管子被堵住，但电动给水泵油箱里的油并未变色。第六：关于主机冷油器冷却水侧隔离清洗问题。经过仔细检查，没有发现任何铜管被腐蚀穿孔的情况。经过权威机构的检测，可以确定铜腐蚀的现象并非由珠江水咸潮所引起。在检测过程中，对油样本进行了铜离子和油的理化指标检测，发现铜离子的含量并未超标，除了颜色之外，其余各项指标均符合标准。目前，变色的涡轮机油仍在继续使用中。然而，在随后的每次化验中，主机涡轮机油的颜色逐渐加深，直至呈现墨绿色，但其余各项指标仍然正常。

在排除铜离子腐蚀的可能性之后，油液呈现绿色的原因极有可能是由于铁离子腐蚀所引起的。由于 Fe^{2+}呈绿色，与主机涡轮机油的颜色相符，因此可以推测油品中可能存在铁离子腐蚀。为了验证这一猜想，可以采用向油样品中加入 $Ca(OH)_2$的方法进行检测。如果油中存在铁离子，加入 $Ca(OH)_2$ 后会产生绿色 $Fe(OH)_2$ 沉淀或红色 $Fe(OH)_3$ 沉淀。从主机油箱底部取样 500ml，分三份做试验。

第一份：在试验过程中，将少量干燥剂［$Ca(OH)_2$ 及 CaO］直接加入样本中，观察到产生了大量白色颗粒、粉末以及浅绿色沉淀。随后，样本整体颜色由墨绿色转变为黄色且呈浑浊状。在沉淀过程中，将油状物倒出后留下绿色沉淀，此沉淀迅速转变为浅红色。最终剩余的沉淀物包括浅红色沉淀、白色颗粒以及粉末。

试分析浅绿色沉淀可能是 $Fe(OH)_2$，浅红色沉淀可能是 $Fe(OH)_3$，白色粉末为未反应的 CaO。

$$Fe^{2+}+Ca(OH)_2=Fe(OH)_2\downarrow+Ca^{2+}$$

$Fe(OH)_2$ 由于不稳定，很快氧化成 $Fe(OH)_3$

第二份：直接加入过量的干燥剂［$Ca(OH)_2$ 及 CaO 颗粒和粉末］，底部有许多白色颗粒及浅红色沉淀。整个油的颜色由墨绿色变成黄色且浑浊。

试分析红色沉淀可能是 $Fe(OH)_3$，白色粉末为未反应的 CaO。

$$Fe^{3+}+3OH^-=Fe(OH)_3\downarrow$$

第三份：直接加入碘酒（KI 和 I_2 的水溶液，本身呈黄色），油的颜色立即由墨绿色变成黄色。在这一过程中，生成了不溶于水的灰黑色固体。再加入双氧水（H_2O_2），水的底部有灰黑色固体附着在瓶的四周。水溶液的颜色基本不变。

试分析固体可能是四水碘化亚铁。

$$Fe^{2+}+2I^-+4H_2O=FeI_2\cdot 4H_2O\downarrow$$

结论：①通过上述试验证明主机涡轮机油里很可能含有 Fe^{2+}。②在发生反应后，油的颜色由墨绿色变化为黄色，且该黄色比 9 号机组主机涡轮机油的黄色更黄，并略偏红色。可能的原因是仍有部分 $Fe(OH)_3$ 溶解在油中。③在第一、二份反应后，油的呈现浑浊状态，主要是由于 $Ca(OH)_2$ 及 CaO 颗粒和粉末未溶解或悬浮在油中。

从上述试验可以初步得出很可能是 Fe^{2+} 溶解于油中使油产生墨绿色，油中没有强氧化剂，另外整个油系统全是铁单质，不会让其氧化成 Fe^{3+}。铁离子是由于铁单质腐蚀而得到的，有四种情况：主油箱及零部件，套装油管，涡轮机大轴，密封油系统。油中的 Fe^{2+} 以铁盐形式存在，油中没有 H^+ 或很少。

基于以上初步分析结果对油品进行了全面分析。本次分析包括了电厂用运行中涡轮机油质量标准（GB/T 7596—2017《电厂运行中矿物涡轮机油质量》）规定的主要理化指标（十项）分析、抗氧化性能分析、元素分析、红外光谱分析、滤膜分析。理化指标、元素分析如表 2-89 和表 2-90 所示。

表 2-89　　理化指标

检验项目	检验结果	试验方法
外观	绿色液体	目测
密度（20℃，kg/m^3）	851.2	GB/T 1884《原油和液体石油产品密度实验室测定法（密度计法）》
运动黏度（40℃，mm^2/s）	34.14	GB/T 265《石油产品运动粘度测定法和动力粘度计算法》
运动黏度（100℃，mm^2/s）	5.864	GB/T 265《石油产品运动粘度测定法和动力粘度计算法》
黏度指数	115	GB/T 1995《石油产品粘度指数计算法》
污染度（级）	7	DL/T 1978《电力用油颗粒污染度分级标准》

续表

检验项目		检验结果	试验方法
水分（mg/kg）		42	GB/T 7600《运行中变压器油和汽轮机油水分含量测定法（库仑法）》
闪点（开口，℃）		234	GB/T 3536《石油产品　闪点和燃点的测定　克利夫兰开口杯法》
酸值（mgKOH/g）		0.14	GB/T 264《石油产品酸值测定法》
机械杂质（质量分数，%）		无	GB/T 511《石油和石油产品及添加剂机械杂质测定法》
空气释放值（50℃，min）		3.8	SH/T 0308《润滑油空气释放值测定法》
抗氧化性能（旋转氧弹，150℃，min）		840	NB/SH/T 0193《润滑油氧化安定性的测定　旋转氧弹法》
泡沫特性（mL）	24	—	GB/T 12579《润滑油泡沫特性测定法》
	93.5℃	40/0	
	后 24℃	250/0	

表 2-90　　元素分析

检验项目	检验结果	试验方法
氯（mg/kg）	＜1	ICP（电感耦合电离子发射光谱仪）
铁（mg/kg）	0.0	ASTM D5185《感应耦合等离子体原子发射光谱法测定原油中的所选元素以及已用润滑油中的附加元素、耐磨金属和杂质的标准试验方法》
铜（mg/kg）	0.0	
铝（mg/kg）	0.0	
铬（mg/kg）	0.0	
锡（mg/kg）	0.0	
银（mg/kg）	0.0	
硅（mg/kg）	0.0	
钼（mg/kg）	0.0	
铅（mg/kg）	0.0	
镍（mg/kg）	0.6	
钠（mg/kg）	0.0	
钒（mg/kg）	0.0	
硼（mg/kg）	0.0	
钡（mg/kg）	14	
锰（mg/kg）	0.0	
镁（mg/kg）	2.4	

续表

检验项目	检验结果	试验方法
钾（mg/kg）	0.0	ASTM D5185《感应耦合等离子体原子发射光谱法测定原油中的所选元素以及已用润滑油中的附加元素、耐磨金属和杂质的标准试验方法》
钙（mg/kg）	0.0	
锌（mg/kg）	0.0	
钛（mg/kg）	0.0	
镉（mg/kg）	0.0	
磷（mg/kg）	0.0	

分析中数据可知：

（1）各项理化指标均符合涡轮机油的标准要求，与 2008 年 1 月的检验结果比较，除了油品颜色加深，酸值有所增大外，其他无特别明显变化。

（2）元素分析表明设备的磨损状态正常，与 2008 年 1 月检验结果比较，同一项目无明显变化。

（3）红外光谱分析表明：主油箱中的涡轮机油与储备油箱的油的主要成分相同，无明显差异。

（4）滤膜分析表明：油中有大量小于 1μm 的蓝色颗粒、少量的其他金属、非金属物质。

经过检测，油品中未发现铜离子和铁离子。因此，之前关于油品呈现墨绿色的原因是 Fe^{2+} 导致的假设是不正确的。

3. 案例处理

通过分析以上的检测结果，得到以下结论：

（1）油的理化指标合格，没有发生严重氧化、油的主要成分没发生改变，以及没有造成设备的严重磨损，在没有影响使用性能的情况下建议继续使用。

（2）油品颜色呈蓝绿色的原因，可排除是油的氧化引起。结合相关资料，有以下两种可能：①油品中的抗氧剂发生了化学变化，生成了带色产物，使油品颜色改变。②油系统中可能使用了塑料或橡胶类带色垫圈或密封材料，材料与油接触后，有色物质溶入油中。

2008 年 11 月，8 号机组投产 1 年后大修，经过对主机油系统仔细检查发现：油箱及管道未被腐蚀，涡轮机大轴及轴瓦表面光滑，未发现腐蚀痕迹。在打开密封油油箱时发现，油箱内表面及油箱内管道有一部分蓝色油漆，但其他大部分地方的油漆已不见；在检修主油箱交流润滑油泵及直流润滑油泵时也发现同样的问题，油泵外表面及连杆还有一部分蓝色油漆。经联系相关厂家及安装单位后证实，油泵外表面，密封油箱及箱内管道出厂时均涂有蓝色油漆。在此期间进行大修，对油管道和油箱中油漆部分进行了打磨，并长期投入使用了润滑油滤油机。目前，油品呈现墨绿色，但仍在继续使用，且对机组轴承振动、轴承温度、油膜建立以及输油管道均未产生不良影响。

十、其他异常案例 10

1. 情况简介

某电厂共有 2 台灯泡贯流式机组，每台装机容量 10MW；设有赵高 3820 线和赵高 3323 线两回 35kV 出线。

电厂 2 号机组自从投入运行以来，每次冬修总是发现调速器油比 1 号机组调速器油黑，经过滤或者注入新油后，经过一段时间运行再进行检查发现其还是比 1 号机调速器油黑。

2. 案例分析

由于经过多环节、长管路，调速器油涉及的各项因素分为物理和化学两类。物理因素主要是油中进入固体颗粒和水分，如空气尘埃、管路闸体中的金属颗粒及进水，或者各部件密封件磨损。这类因素主要是因为压力油罐中压力空气带入的水分和尘埃，以及摩擦产生的金属粉末。化学因素主要是油分解或者氧化产生各种产物而使油变黑，产生环节主要是受油器、轮叶接力器、导叶接力器，这些部件因安装不符合要求，产生硬性摩擦，使油温度局部过高而分解变质或氧化。按照要求取调速器油进行检测，检测项目有运动黏度、总酸度、水分、抗乳化性、石油产品比色片、机械杂质等，其中水分含量为 0.09%、机械杂质为 0.06%、石油产品比色片色度为 4.3，这几项指标接近限值，其中水分含量超标，说明有水分和其他杂质在油中。

把调速器油系统中的油全部排至油处理室进行过滤处理；清洗高压油罐、集油箱、轮毂油箱；检查管路阀门密封件；检查主阀解件，清洗过滤器滤芯。全部处理完后，注入新油，运行一段时间后，油仍变黑。

原高压气系统存在许多问题，直接影响供气质量。气罐是普通铁板制作的，容易生锈；气体过滤器是常规的，过滤不干净。此外，该气罐的排水系统是手动操作的，且排水管径较小，导致排水不及时。当气罐充满水时，油罐供气中会含有大量的水分和小固体颗粒，严重污染了调速器油。2010 年对高压气系统进行改造，罐体采用不锈钢制作，改善罐体排水设施，增加 1 个带过滤功能的罐体。过滤罐体大小与原罐体一致，该缸体分 3 层，底层进入压缩气体，中间层存放活性炭，上层通过检修阀门与另一罐体相连，活性炭随时可以更换，不影响供气。通过改造，既不影响供气数量，又大大提高供气质量。改造后再次进行油样检查，油样中水分指标明显下降，达到 0.05%，但油仍然变黑。

受油器检查的主要目的是确保通路运行畅通无阻，同时需要检查转动油管与固定支座轴承的同心度是否符合标准，并对密封件进行细致的检查。经过全面评估，各部件运行状况正常，满足各项技术要求，不会对油质产生任何不良影响。

导叶接力器解体后各部件密封正常，活塞与缸体表面没有异样，基本与原来一样，没有刮伤痕迹，基本排除导叶接力器引起的油变质。

轮叶接力器安装在转轮内部，工作环境复杂，施工难度大，从外部基本上不能判断其实际情况，只有解体整个转轮，才能了解接力器的实际情况。将转轮吊到装配车间，解体后发现缸体磨损严重，不是一个位置一个方向有刮痕，而是一大片，深度深浅不一。同时发现，接力器活塞径向定位键脱落，活塞与缸体上下腔密封功能的密封圈完全老化，失去密封效果。

轮叶接力器活塞径向定位键缺失，在压力油的作用上，活塞不仅进行轴向位移，同时围绕活塞轴做无规律圆周运行，密封条在圆周运动中加快磨损；或者在安装过程中，密封圈没安装好，发生断裂，失去上下腔分隔作用。接力器上下腔存在串油，压力腔的压力油通过间隙向无压腔喷射。由于压力油压力大，压力油经过间隙卸压，产生局部高温，引起油分解变质。同时，接力器缸体发生黏性摩擦，摩擦接触面局部发生金属黏着，在随后相对滑动中黏着处被破坏，有金属颗粒从缸体表面被拉拽下来或表面被擦伤产生金属杂质，并放出热量，使油变质加速。经过长期的运行，调速器油变得发黑；再加上压缩空气中含有大量水分与杂质进入调速器油系统中，使油变得更黑。

3. 案例处理

（1）填焊。对缸体划痕深处、磨损严重处采用同材料高精度填焊修补。

（2）表面处理。除去缸体金属磨损表面松动物质，采用喷砂、电砂轮、钢丝刷或粗砂纸等方式打磨，提高金属修复表面的粗糙度，然后使用清洗剂擦拭。

（3）采用缸体修补剂修复。缸体修补剂由 A、B 双组分组成，使用时严格按规定的配合比将主剂 A 和固化剂 B 充分混合至颜色均匀一致，将混合好缸体修补剂涂抹在经处理过的缸体修补金属磨损表面，涂抹时应用力均匀，反复按压，保证材料与缸体修补金属磨损表面充分接触，以达到最佳缸体金属修复效果；需多层涂胶时，应对原涂胶表面进行处理后再涂抹。

（4）表面精修。对缸体修补金属磨损表面用专业工具进行加工修整。

（5）装配。经过对轮叶接力器油缸进行修复后，安装活塞径向固定键，更换活塞密封件，并成功组装了转轮。

（6）试验。整个转轮装配后，对接力器两腔进行操作试验和保压试验，接力器行程、保压时间、泄油量等参数符合厂家要求。

在处理轮叶接力器缸体后，机组经过半年运行，调速器油基本没什么变化，油样化验结果也符合要求。

参 考 文 献

[1] 刘书元，毛义云．660MW 机组汽动给水泵组润滑油中含水量超标原因分析及治理［J］．江西电力，2021，45（8）：54-56．

[2] 卢晓新．秦山 30 万核电机组润滑油颗粒度异常的分析与处理［J］．科技视界，2021（12）：118-120．

[3] 冯新南，胡媛．某水电站汽轮机油破乳化指标异常分析及处理［J］．水电站机电技术，2021，44（3）：31-33．

[4] 秦勤学，潘彦霖．新疆某电厂 1 号机组透平油变绿分析［J］．化学工程与装备，2020（12）：207-208．

[5] 姜俊，肖承明．600MW 机组小汽轮机润滑油颗粒度轻微超标治理［J］．电力设备管理，2020（2）：72-73．

[6] 李红蓉，石中刚．汽轮机油破乳化度超标原因分析及处理［J］．青海电力，2019，38（4）：61-63．

[7] 于卫卫．水电厂汽轮机油系统颗粒污染等级超标原因分析及处理［J］．石化技术，2019，26（10）：342，361．

[8] 蔡星华．汽轮机油异常原因分析［J］．科技创新与应用，2018（10）：68-70．

[9] 窦鹏．1000MW 机组汽轮机油产生油泥的原因分析［J］．润滑油，2017，32（3）：30-33．

[10] 陈刚．赵山渡水力发电厂 2 号机组调速器油发黑的分析及处理［J］．小水电，2016（1）：54-55，59．

[11] 陈冠兵，李文建，金宁江．某电厂给水泵汽轮机油中进水原因分析及处理［J］．应用能源技术，2016（1）：23-24．

[12] 孟瑞钧，李卫国，孙树东．汽轮机抽气调整阀执行机构的改造［J］．内蒙古科技与经济，2015（16）：82-83．

[13] 万涛，李臻，周舟，等．一起罕见的汽轮机油变绿原因分析［J］．广东电力，2015，28（7）：28-32．

[14] 吴玉梅．390MW 燃气机组润滑油劣化处理及结果跟踪［J］．科技与创新，2014（24）：109-110．

[15] 董晔，王笑微．从机组轴瓦烧蚀浅谈运行汽轮机油质维护［J］．中国电力，2014，47（11）：30-33．

[16] 潘建珍，张怀畅．浅析润滑油含水超标的原因及处理方法——以西夏热电 200MW 机组为例［J］．中小企业管理与科技（下旬刊），2014（8）：213-214．

[17] 秦常亮．大唐太原第二热电厂#11 机组主油箱含水量超标原因分析及处理［J］．企业改革与管理，2014（14）：153-154，119．

[18] 马庆柱，马浩添，叶蕊，等．某厂 5 号机汽轮机油性能下降的分析与处理［J］．电站系统工程，2014，30（3）：45-46，49．

[19] 姚明召．汽轮机油颜色快速变深发绿原因及其处理［J］．中国电力，2014，47（5）：29-31．

[20] 马庆柱，林朗星，叶蕊，等．某厂 6 号机汽轮机油水分严重超标的分析与处理［J］．电站系统工

程，2014，30（2）：47-48.

[21] 王笑微，杨军，王娟，等. 汽轮机油颜色异常原因分析及处理 [J]. 热力发电，2013，42（9）：139-140，143.

[22] 孙鸿志，宋健. 国产300MW机组汽轮机油中带水的治理 [J]. 山东电力高等专科学校学报，2013，16（3）：43-45，52.

[23] 王国平，朱有利. 齐鲁热电厂汽轮机润滑油进水原因分析及对策 [J]. 齐鲁石油化工，2013，41（1）：59-63.

[24] 胡琼华，李海昆. 某电厂1、2号汽轮机油破乳化时间超标处理 [J]. 科技创新与应用，2013（5）：95.

[25] 骆文洋，沈成喆. 三河电厂3号机主机油中进水原因及分析 [J]. 中小企业管理与科技（下旬刊），2012（4）：324-325.

[26] 李毅，黄亚妮，黄鑫. 汽轮机油中进水原因分析及处理 [J]. 广东化工，2011，38（9）：235-236.

[27] 安正林. 汽轮机油破乳化度超标的处理 [J]. 宁夏电力，2010（S1）：224-227.

[28] 张慧霞. 西夏热电厂汽轮机油乳化分析及处理措施 [J]. 中小企业管理与科技（下旬刊），2010（11）：321-322.

[29] 舒英强. 100MW汽轮机润滑油系统进水的分析与治理 [J]. 内蒙古科技与经济，2010（19）：85-86，90.

[30] 徐燕，秦建华. 核电厂汽轮机油颗粒度异常情况分析 [J]. 中国核电，2010，3（3）：206-211.

[31] 郑国强. 国产200MW主油箱润滑油含水超标原因及处理 [J]. 大众科技，2010（8）：137-138.

[32] 王娟，安锦民，刘杰，等. 汽轮机油急剧劣化的原因分析及处理 [J]. 热力发电，2010，39（4）：58-61.

[33] 杨洲. 300MW机组主机透平油变质的定性分析——恒运电厂#8号机组主机透平油由黄色变成墨绿色的分析 [J]. 科技创新导报，2010（3）：78-79.

[34] 丁柏寿，李保忠. 600MW机组小汽轮机油中含水超标治理 [J]. 重庆电力高等专科学校学报，2009，14（3）：1-2.

[35] 周文华，季慧忠，宋丽梅，等. 汽轮机用油破乳化度超标问题分析及处理 [J]. 内蒙古电力技术，2009，27（4）：31-34.

[36] 张玉祥. 电厂机组滑油系统进水事故分析及预防 [J]. 胜利油田职工大学学报，2009，23（4）：65-67.

[37] 冯丽萍，李烨峰，肖秀媛，等. 神头一电厂7号机组汽轮机油异常劣化原因分析 [J]. 热力发电，2008（7）：78-80.

[38] 戴光奋. 汽轮机轴封漏汽引起油质劣化的处理 [J]. 电站辅机，2008（2）：34-37.

[39] 杨林. 汽轮机油中带水原因分析 [J]. 设备管理与维修，2008（3）：48-49.

[40] 杨林. 国产300MW机组汽轮机油中带水的原因分析与对策 [J]. 江西电力，2007（6）：18-19，24.

[41] 高振宇，代国超．135MW 汽轮机油中带水原因分析与处理［J］．水利电力机械，2007（6）：61-62，75．

[42] 刘震．12MW 汽轮机油中带水原因分析及解决方法［J］．石油化工应用，2007（2）：84-85．

[43] 叶勇．200MW 汽轮机油中带水原因分析及对策［J］．甘肃科技，2007（4）：31-32．

[44] 常建新，谢银波．300MW 机组汽轮机油水分超标的原因分析及处理［J］．热力发电，2006（11）：53-55，77．

[45] 王胜．汽轮机油中带水原因分析与处理［J］．热力透平，2006（3）：191-193，207．

[46] 吴平，吴三毛．一次汽轮机油严重乳化事故分析［J］．热力发电，2006（5）：61-63，77．

[47] 俞冰，王莉．添加破乳化剂进行汽轮机油质劣化处理［J］．东北电力技术，2004（11）：27-29．

[48] 张珉德．300 兆瓦机组汽轮机油劣化及处理［J］．云南电业，2004（7）：44-45．

[49] 谢淑坤．汽轮机油问题分析及处理［J］．西北电力技术，2004（1）：48-50．

[50] 孙洁．汽轮机油中带水问题的解决［J］．节能，2003（1）：33-34．

[51] 廖冬梅，于萍，罗运柏，等．汽轮机油中异样杂质的成分与形成原因分析［J］．汽轮机技术，2002（4）：220-221，238．

[52] 张承彪，李晖，喻亚非，等．襄樊电厂 2 号机汽轮机油的劣化处理［J］．华中电力，2002（2）：27-28，43．

[53] 张承彪，喻亚非，李素英，等．运行中汽轮机油的在线处理［J］．华中电力，2000（3）：17-22，26．

[54] 冷述博，于乃海．600MW 机组汽轮机油运行中再生［J］．山东电力技术，1999（1）：34-37．

[55] 九江电厂 4 号机汽轮机油在试运阶段发生严重乳化的原因及其教训［J］．华中电力，1994（2）：68．

[56] 王东昕，张国防，孔亮．600MW 超临界给水泵油中带水问题的分析和处理［J］．科技信息（科学教研），2007（29）：93-94．

[57] 陈思迈．给水泵汽轮机油中带水问题的分析及处理［J］．汽轮机技术，2007（5）：392-393．